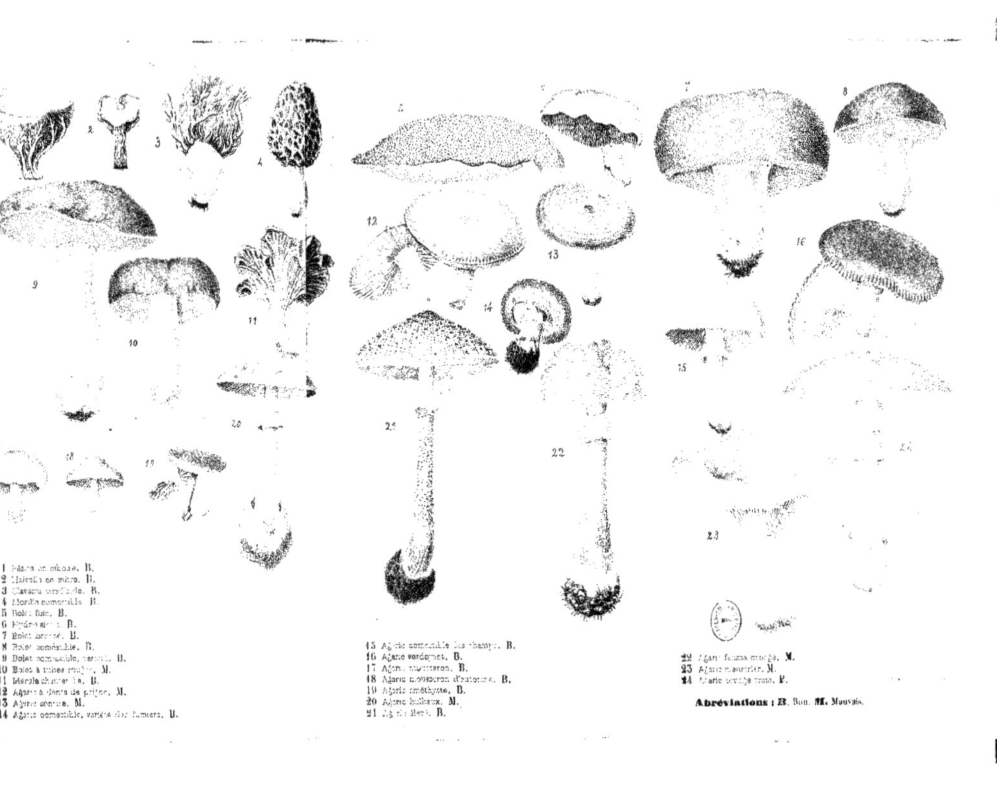

1 Pézize en [illegible]. B.
2 Helvelle en mitre. B.
3 Clavaire coralloïde. B.
4 Morille comestible. B.
5 Bolet foie. B.
6 Hydne sinué. B.
7 Bolet bronzé. B.
8 Bolet comestible. B.
9 Bolet comestible, variété. B.
10 Bolet à tubes rouges. M.
11 Mérule chanterelle. B.
12 Agaric à dents de peigne. M.
13 Agaric [illegible]. M.
14 Agaric comestible, variété des fumiers. B.
15 Agaric comestible des champs. B.
16 Agaric verdoyant. B.
17 Agaric mousseron. B.
18 Agaric mousseron d'automne. B.
19 Agaric améthyste. B.
20 Agaric bulbeux. M.
21 Agaric élevé. B.
22 Agaric fausse oronge. M.
23 Agaric meurtrier. M.
24 Agaric oronge vraie. B.
Abréviations : B. Bon. M. Mauvais.

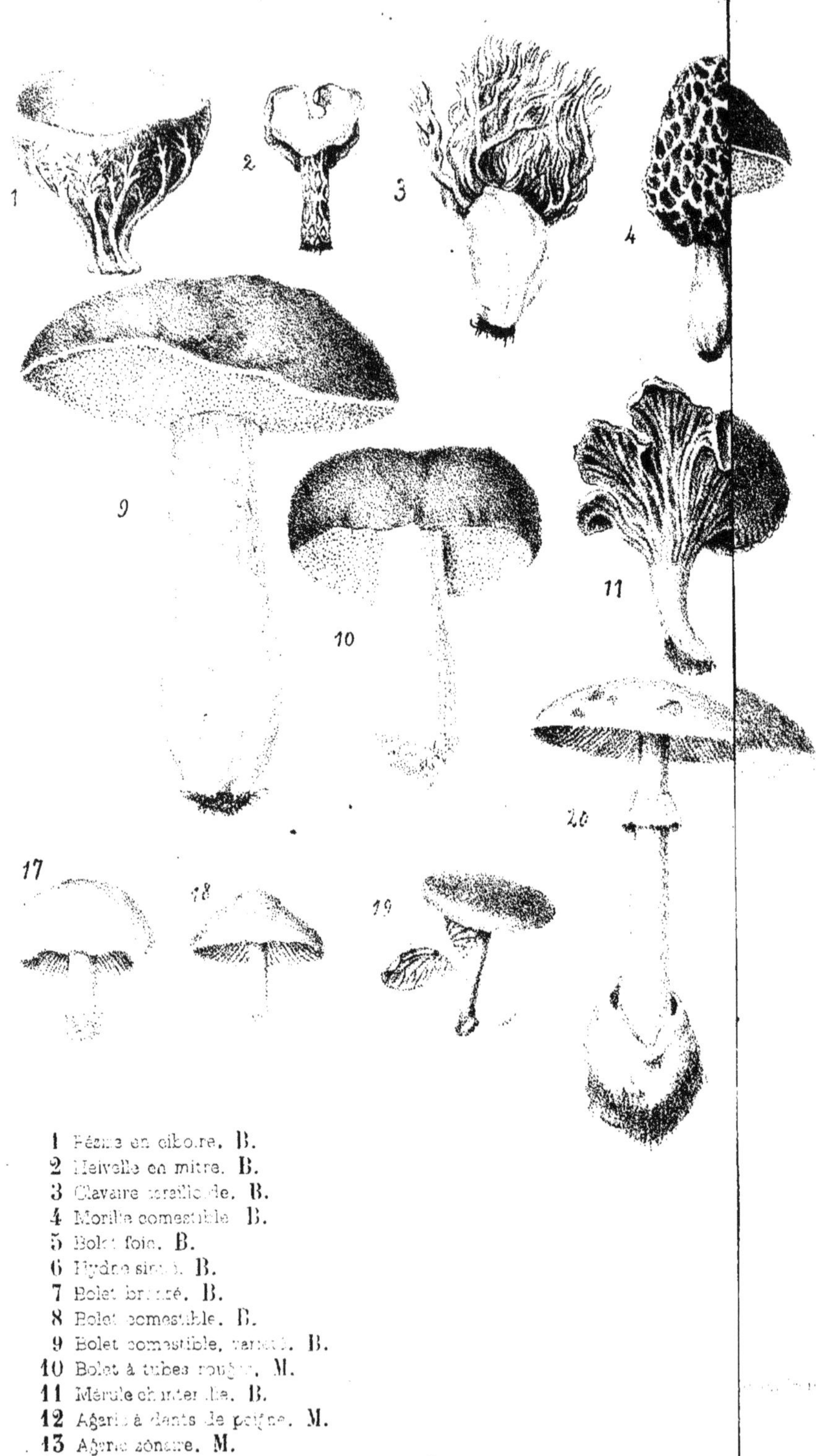

1 Pézize en ciboire. B.
2 Helvelle en mitre. B.
3 Clavaire coralloïde. B.
4 Morille comestible. B.
5 Bolet foie. B.
6 Hydne sinué. B.
7 Bolet bronzé. B.
8 Bolet comestible. B.
9 Bolet comestible, variété. B.
10 Bolet à tubes rouges. M.
11 Mérule chanterelle. B.
12 Agaric à dents de peigne. M.
13 Agaric zonaire. M.
14 Agaric comestible, variété des fumiers. B.

PETITE

MYCOLOGIE BELGIQUE

OU

DESCRIPTION ABRÉGÉE

DES

CHAMPIGNONS COMESTIBLES ET VÉNÉNEUX

Du nord de la France, et de la Belgique,

Avec les moyens de les employer utilement et de prévenir ou arrêter tout fâcheux accident.

LILLE,

IMPRIMERIE DE LEFEBVRE-DUCROCQ, PLACE DU THÉATRE, 36.

1853.

A

MONSIEUR LOUIS LARIVIÈRE,

de Fontaine-au-Pire,

Agronome pratique & distingué,

HOMMAGE

d'affection, d'estime & de reconnaissance,

L'Auteur,

L. BONIFACE.

AVERTISSEMENT.

Comme cet opuscule est une œuvre de pure charité chrétienne, et destiné seulement aux personnes étrangères à la botanique aussi bien qu'à ses expressions; l'auteur a tâché d'être aussi bref, que simple et clair. Les mots techniques sont généralement remplacés par des termes vulgaires, et un petit dictionnaire indiquera les expressions peu connues qu'il a pourtant fallu admettre. Quant à la description des genres et des espèces, il s'est efforcé de la rendre frappante, palpable, mais brève, en employant le moins de mots possible pour dire le plus de choses qu'il pourrait. Heureux si les fruits de ses loisirs sont capables de le rendre utile à ses semblables, en leur signalant une source de quelque agrément, de quelque utilité, et en prévenant de fatales erreurs.

Les lecteurs qui désireraient plus de science, avec un style moins didactique, pourront consulter les ouvrages de Persoon, de Paulet, de Bulliard. la Botanographie Belgique de M. Thém. Lestiboudois, Conseiller d'État, Docteur en médecine, ancien Professeur de botanique à Lille, ouvrage qui, outre ses autres qualités, a l'avantage d'être rédigé d'après la méthode analytique la plus naturelle, la plus claire et la plus sûre ; enfin, les fascicules de M. Desmazières, de Lambersart, œuvre grandiose, savante et précieuse.

PETITE

MYCOLOGIE BELGIQUE

OU

Description abrégée des Champignons Comestibles et Vénéneux.

INTRODUCTION.

Tout chrétien sait que Dieu n'a rien fait d'inutile; et, si nous ne retirons pas toujours un grand avantage de quelques-unes de ses œuvres, il faut l'attribuer à notre ignorance ou à nos préjugés. Chaque jour nous voyons d'un œil indifférent, nous foulons d'un pied même dédaigneux des objets qui, mieux étudiés, mieux connus, et, par suite, plus recherchés, nous procureraient non moins de ressources que d'agréments. Parmi ces objets, le champignon est loin de garder l'un des derniers rangs. Cette plante trop négligée, j'allais dire trop redoutée, peut néanmoins, dans certains cas, fournir une pécieuse ressource alimentaire ainsi que des récréations utiles et variées. Les fidèles Polonais qui accompagnèrent leur roi Stanislas Lekzinski dans sa retraite en Lorraine, montrèrent, par leur exemple, aux habitants de ce pays, de quelle utilité peuvent être des plantes longtemps regardées comme nuisibles. Certains champignons furent souvent accueillis comme une bonne fortune par nos braves guerriers dans la fatale campagne de Russie. Puis, n'a-t-on pas vu l'armée russe à son tour, durant l'occupation de 1815 à 1818, faire entrer pour une grande partie dans son régime alimentaire, plus par habitude que par besoin, les champignons des contrées où elle séjourna ? On sait quelle consommation les habitants des Vosges, de l'Alsace, de la Lorraine, de la Bourgogne, du Dauphiné, du Poitou, de l'Anjou font tous les jours de ces plantes, soit comme nourriture, soit comme assaisonnement. Enfin, il est en Russie, en Pologne et en Toscane, des régions boisées où les champignons tiennent à peu près lieu de pain durant un certain temps de l'année. Ces productions, au rapport de Pline, considérées comme condiment, étaient spécialement recherchées des Romains, surtout l'oronge qu'ils préféraient à l'or même, dit le poète Martial. (Epig. 48, liv. 13.) Les Grecs les avaient devancés dans la connaissance et la recherche de ces plantes. De nos jours, il est peu d'hôtels où l'on n'en fasse usage (1); tandis que le laboureur, le bûcheron, le pâtre de la Lorraine et de l'Alsace relèvent le goût de leurs repas champêtres au moyen des bolets, des chanterelles, etc, qu'ils mangent crus avec un peu de sel, ou simplement cuits tantôt sur un gril, tantôt sous la cendre.

On ne peut espérer, sans doute, dans le nord de la France, tous les avantages dont nous venons de parler ; il y reste trop peu de friches, de pelouses, de pacages et de forêts. Néanmoins les bords des ravins, des rivières et des chemins, les vergers, les paturages, les bosquets, les bois même que nous avons encore ne laisseraient pas de procurer une bonne récolte, s'ils étaient explorés avec goût. On vit dernièrement un bosquet de chênes, à peine de quelques hectares, si bien rempli de bolets et de chan-

(1) La culture des champignons pourrait devenir une branche de commerce : par exemple, il est dans le Nord un zélé fungiculteur qui emploie plus de trente ouvriers à la culture des champignons ; il envoie ses produits par toute la France, en Hollande, en Angleterre où ils subissent pourtant un droit d'entrée considérable ; ses expéditions s'étendent jusqu'en Russie, et il vient de satisfaire à une demande de Calcuta.

terelles qu'on en sentait le parfum à près de 500 mètres ; deux cents personnes auraient pu y vivre plus de quinze jours, et préparer encore une abondante réserve pour l'hiver en faisant dessécher ce qu'on n'aurait pu consommer. Non loin de ce lieu, une prairie fréquentée par des chevaux et des vaches s'offrait aux regards d'un amateur, presque aussi blanche d'agarics comestibles que verte de gazon.

La recherche des champignons présente encore une bien douce et innocente récréation. Quoi de plus agréable pour l'homme aux habitudes calmes et recueillies ; désireux même d'élever avec plus de ferveur son âme vers Dieu par le spectacle de ses bienfaits, que de s'en aller, une belle matinée seul ou en société, savourant la fraîcheur, l'air embaumé des prairies et des bois ; l'œil charmé par l'éclat des fleurs, l'oreille par les accents si variés, si harmonieux des oiseaux, rechercher par lui-même ou à l'aide d'animaux fidèles dressés à cet effet (1), des plantes dont quelques-unes ne doivent rien au fruit le plus parfumé, à la fleur la plus éclatante !

Ici, ce sont l'humble helvelle, la morille chagrinée qui se montrent à côté de la violette, de la primevère et de l'anémone sylvie ; là, c'est le bolet au port grave, c'est l'agaric comestible dont le chapeau, quelquefois plus blanc que la neige, frappe si agréablement la vue sur une pelouse verdoyante ; d'un côté, l'on aperçoit la mérule chanterelle qui brille au loin comme une étoile dans l'épaisseur des bois ou sur la pelouse du coteau ; de l'autre, se font remarquer l'agaric élevé avec son odeur si suave ; l'agaric violet qu'on prendrait pour une améthyste ; enfin, la délicieuse oronge, le mets des dieux, suivant les Romains, s'élève en reine au milieu de ces cryptogames avec son port élégant et majestueux, son chapiteau largement arrondi en parasol de couleur aurore, ses feuillets et son pied plus brillants que l'or pur !

Quelle agréable sensation de rapporter à son retour les fruits

(1) Dans le Limousin, on emploie les chiens barbets.

succulents et parfumés d'une chasse sans périls, sans regrets; d'une chasse permise en tout temps, en tout lieu, à toute personne; d'une chasse qui ne verse point de sang, ne plonge pas dans le deuil et l'épouvante toute une famille d'êtres innocents dont l'homme se fait trop souvent regarder comme le plus implacable tyran! Qu'on se refuse cet agrément à l'heure la plus importante de la journée; l'homme d'affaires ou d'études, celui qui emploie sa vie au soulagement des misères spirituelles ou corporelles, ne peuvent-ils pas se l'accorder, quand un peu vers le soir, l'esprit fatigué leur permet ou prescrit quelque délassement, tel que la promenade sur la pelouse voisine, l'air rafraîchissant du vallon, le silence du bocage, la brise vivifiante du coteau où l'on respire à pleins poumons, enfin l'aspect des champs avec un horizon plus pur et plus étendu? Aux jours de repos, avant ou après l'accomplissement des devoirs religieux, avec quelle secrète satisfaction l'ouvrier et sa digne compagne, livrés à une chasse permise et possible au pauvre comme au prince, verraient leurs enfants accourir en triomphe leur montrer chaque plante trouvée, sollicitant du regard, de la voix ou du geste une approbation, une louange! puis revenir sautillant devant eux, chargés de provisions pour un repas qu'assaisonneraient l'appétit, l'innocence et le plaisir (1)!

L'usage des champignons peut offrir des dangers, mais seulement aux personnes qui présument trop de leur science dans la distinction des espèces. Le suc de laitue devient vénéneux en quelques jours; un peu plus de laurier amande empoisonnerait les amateurs du lait aromatisé avec les feuilles de cette plante; la ciguë, herbe dangereuse, peut être confondue avec le persil; l'âche avec le céléri, etc....... Qui pourtant refuse la laitue, le laurier amande, le persil, le céléri, etc., sous prétexte que l'usage de ces plantes peut causer des malheurs? Si vous craignez de vous tromper, alors n'employez que des champignons

(1) Scène du Limousin et de l'Anjou.

dont les caractères sont les plus saillants, et les plus faciles à saisir, les helvelles, les morilles, les bolets, la mérule chanterelle, les hydnes, les mousserons, l'agaric du chardon roland, l'agaric comestible avec ses feuillets rosés, l'agaric violet, l'agaric élevé, etc...... Essayez sur des animaux domestiques; ou enfin, employez la préparation que nous indiquerons plus bas, et, au moyen de laquelle, le champignon le plus vénéneux devient une nourriture saine et agréable.

CHAPITRE I.

DE L'ORGANISATION ET DU MODE DE REPRODUCTION DES CHAMPIGNONS.

Les champignons sont des plantes terrestres ou parasites, dépourvues de feuilles, de fleurs, d'organes sexuels certains, et, portant sur une de leurs surfaces des corpuscules que l'on regarde comme leur semence. On distingue dans ces plantes, la racine, le volva, le pédicule, le collet, le chapeau, la membrane sporulifère et les sporules; mais elles ne réunissent pas toutes chacun de ces organes.

La manière dont les champignons se reproduisent est encore un mystère; nous savons seulement que quand les sporules se trouvent dans certaines conditions favorables, elles se développent et donnent naissance à des filets blanchâtres qui s'étendent, s'entrelacent pour former une base filamenteuse que les jardiniers appellent *blanc de champignon*. Bientôt, il s'élève de cette base un petit tubercule qui, une fois sorti de terre, s'accroît avec rapidité; d'où le proverbe : *pousser comme un champignon*.

CHAPITRE II.

DE LA COMPOSITION CHIMIQUE DES CHAMPIGNONS; DES MOYENS DE DISTINGUER LES ALIMENTAIRES D'AVEC LES VÉNÉNEUX, ET D'ENLEVER A CEUX-CI LEUR PRINCIPE MALFAISANT.

Les champignons, d'après les meilleures analyses faites par des chimistes distingués, contiennent presque tous une grande quantité d'eau de végétation, une matière fibreuse appelée *fungine*, une matière animale, de l'osmazôme, une matière grasse ou huileuse, du sucre, de la gomme, de la résine, de l'albumine, de l'adipocire, quelques sels; et, la plupart, un acide particulier, fixe, inodore, que l'on nomme *acide fungique*.

La *fungine* ressemble à la fibre du bois ou de la chair, et forme la partie nutritive des champignons, plantes qui, d'ailleurs donnent par la décomposition les mêmes produits liquides et gazeux que les matières animales en putréfaction; la pourriture d'une grande quantité de bolets, par exemple, recueillis en tas, produisit la même odeur que celle des chairs gâtées; l'agaric de couche brûlé affecte l'odorat comme la moule et la pomme de terre soumises à l'action du feu.

Le principe actif des champignons est soluble dans l'éther, l'alcool, les acides étendus, l'eau aiguisée d'un alcali, tel que la potasse, la soude, le sel commun, et il peut leur être enlevé à l'aide de ces divers liquides. Les Russes cueillent ces plantes au temps de leur maturité, les font bouillir quelques secondes dans beaucoup d'eau, les lavent ensuite dans une nouvelle eau chaude, les laissent macérer quelques heures dans le vinaigre, après quoi, ils les font sécher...... En cet état de dessication, les champignons se présentent noirs, aplatis et très-légers; ils donnent au goût une saveur légèrement acide ou salée, suivant le procédé employé...... La manière de les apprêter est assez simple : lorsqu'on veut s'en servir, on les fait bouillir à l'eau, puis on y ajoute du beurre et des condiments dont le vinaigre fait presque toujours la base.

A Paris, dans le mois d'octobre 1852, M. Frédéric Gérard qui fait journellement usage pour sa nourriture, de champignons vénéneux, convoqua les savants MM. Corbière et Hocquart, leur soumit des agarics bulbeux fraîchement cueillis; les prépara sous leurs yeux, en mangea lui et ses enfants une grande quantité sans éprouver ensuite la moindre indisposition. Voici comment procède M. Frédéric Gérard : il plonge, par exemple, cinq cents grammes de champignons dans un litre d'eau acidulée par deux ou trois cueillérées de vinaigre, ou deux poignées de sel gris, il les y laisse macérer deux heures, les retire, les lave à l'eau fraîche, les fait bouillir un quart d'heure, les lave de nouveau et les fait cuire pour être servis. Après cette préparation, comme après celle des Russes, les champignons les plus vénéneux sont devenus comestibles ; sains et agréables, mais ils ont perdu un peu de leur parfum. Il est bien entendu que toutes les eaux qui ont servi doivent être rejetées comme plus ou moins chargées des principes délétères qu'elles ont enlevés, surtout les premières; en effet, selon M. Paulet, 45 grammes d'alcool dans lesquels avaient séjourné 2 grammes d'une variété de l'agaric bulbeux, donnèrent la mort à un chien, tandis que le reste n'était plus nuisible.

Le meilleur moyen d'éviter les erreurs dans l'appréciation des espèces est d'étudier attentivement les caractères distinctifs de chacune d'elles. On peut encore se guider sur le goût et l'odorat, comme les animaux en liberté, le sanglier, le cerf, le bœuf, le cheval qui mangent de plusieurs sortes de champignons et ne s'empoisonnent jamais. Toutefois, il faut observer que les vers et les limaçons, autrement organisés que nous, font impunément leur proie d'espèces vénéneuses qui nous donneraient la mort; comme la chenille du tithymale vit sur une plante qui est un violent poison pour l'homme. Ainsi, tout champignon qui affecte en même temps d'une manière agréable le goût et l'odorat, est ordinairement salutaire; tout champignon d'une odeur repoussante, d'une saveur amère, astringente, styptique, ou qui laisse un arrière-goût désagréable, doit être suspect. Exceptez pourtant quelques espèces d'une saveur piquante, acide ou désagréable, sans être délétères, telles que la mérule chanterelle, l'agaric engaîné, le bolet orangé, le bolet foie, le bolet rude, etc........ Le jaune pur ou doré, le bleuâtre ou le pâle, le brun mât ou bistre, le rouge vineux, le violet caractérisent beaucoup de champignons alimentaires; tandis que le jaune pâle ou soufre, le rouge vif, le verdâtre appartiennent plus généralement à des champignons pernicieux. Les bonnes espèces ont plutôt la chair compacte, cassante, blanche; elles croissent de préférence dans les lieux découverts, les friches, les prairies sèches, ne conservent pas sur leur chapeau de squammes arrachées au volva; et les mauvaises ont en général une chair aqueuse et molle; elles se plaisent dans les souterrains, les lieux humides, ombragés, sur les matières animales en putréfaction. Le collet se trouve plus souvent, le stipe se creuse moins dans la vieillesse chez les bons champignons que chez les mauvais. Le chapeau est plutôt visqueux dans ces derniers que dans les premiers. Toutefois ces caractères ne sont jamais que de faibles probabilités, il est toujours plus sûr de suivre les indications données dans les descriptions. Les remarques tant préconisées, et faites sur des ognons cuits, sur des pièces d'argent, ne présentent aucune garantie sérieuse.

CHAPITRE III.

DE L'ACTION DES CHAMPIGNONS VÉNÉNEUX, ET DES MOYENS DE COMBATTRE LEURS PERNICIEUX EFFETS.

L'action des mauvais champignons se manifeste de deux à vingt quatre heures après leur absorption. Elle commence par une pesanteur, une tension à l'estomac, un trouble dans les idées, une sorte de lourde ivresse, des nausées, des évacuations par haut et par bas; elle pourrait finir par la tension du ventre, des douleurs d'entrailles, une grande soif, des crampes, le délire, les convulsions, une léthargie profonde, la mort. Mais heureusement, la plupart des espèces malfaisantes ne produisent en général que du malaise, un peu de faiblesse, une stupeur passagère. Dans ces circonstances, le plus important comme le plus pressé est de faire évacuer le poison par les vomissements ou les déjections alvines. On y parvient en administrant l'ipécacuanha délayé dans l'eau à la dose de vingt-cinq grains; de l'émétique, du sulfate de soude, de potasse ou de magnésie administrés par portion, et produisant presque toujours une double évacuation.

A défaut de ces moyens, ou quand ils sont trop peu énergiques, on doit chatouiller la luette avec les barbes d'une plume, employer des lavements avec un peu de tabac, etc.....

Une fois la substance vénéneuse rejetée, ou, quand elle est absorbée dans les intestins, tout évacuant doit cesser; il n'y a plus qu'à combattre l'inflammation par des saignées, des boissons douces et émulsives de guimauve, d'amandes, de lait coupé; des boissons délayantes, raffraichissantes d'orge, de groseilles, de citron; des fomentations émollientes sur le ventre, des lavements adoucissants. S'il se manifeste des accidents nerveux sans apparence d'inflammation, on peut employer l'opium, l'éther sulfurique étendu d'eau; mais on ne doit s'en servir, comme de tous les acides, que quand les champignons sont rejetés ou complètement absorbés.

CHAPITRE IV.

DE LA RÉCOLTE ET DE LA CONSERVATION DES CHAMPIGNONS.

L'amateur de champignons peut entrer en campagne aux premiers beaux soleils de l'année: il trouvera dès le mois de janvier les pézizes dans les terrains humides, ombragés, les chemins battus, les cours, les jardins, les vieux fumiers, sous les ifs, les pommiers, etc., jusqu'au milieu du printemps. Le peuplier pyramidal va entrer en boutons, c'est le moment d'aller sous ce bel arbre dans une terre franche, sablonneuse, dans les prairies artificielles recueillir les helvelles qui ne paraîtront plus guère, sauf la blanche, quand ce même arbre sera en feuilles. Les mois d'avril et de mai vous offriront la morille dans les bosquets, les vergers, les jardins, les vignes, sous les ormes, les peupliers, les poiriers, les pommiers sur une terre fumée, légère et sablonneuse; vous aurez encore jusqu'au milieu de l'été les mousserons dans les bois, les friches et les prés secs. Au commencement de juin les bolets vont se montrer parmi les chênes, les noyers, dans les parcs, dans les bois pour ne disparaître qu'avec le mois d'octobre. Juillet arrive, c'est le moment d'aller jusqu'à la fin de septembre, parmi les chênes, les genêts, les ajoncs récolter la chanterelle au pavillon orné de festons et de filets dorés.

L'agaric comestible et bien d'autres vont vous donner une ample moisson à faire jusqu'en octobre, sur les terrains secs, élevés, dans les jardins, les pacages, sur les fumiers desséchés. Les chênes et les marronniers avaient ombragé la brillante oronge dès la fin de juin, ils la conserveront jusqu'en novembre dans une terre sèche et légère. Octobre, novembre et décembre vous fourniront les clavaires, les hydnes; les premières dans les bois, les sols humides, compactes, argileux, sous les chênes; les seconds sous ces mêmes arbres dans un sol maigre, sablonneux, ombragé. Enfin, le mousseron d'automne a paru en son temps dans les prés secs, sur les pelouses, dans les bois clairs; l'helvelle s'est remontrée en septembre; l'espèce blanche de ce champignon, de nouvelles pézizes, l'agaric améthyste ou tiercé pourront encore disputer à la gelée et à la neige, jusqu'au commencement de janvier, les terres humides, légères, non loin des chênes, des peupliers ou des ormes.

Notez, dans vos investigations, que beaucoup de champignons

se cachent sous les feuilles tombées, que l'odorat peut vous faire découvrir à vingt pas et plus la retraite des helvelles, des bolets; que ces plantes abondent spécialement au printemps et en automne, surtout les jours qui suivent une pluie douce ou d'orage : l'influence de l'électricité sur la prompte multiplication des champignons était déjà connue des Grecs et des Romains.

Le temps sec, la matinée conviennent mieux à la récolte des champignons; examinez bien les caractères de chaque espèce, afin de ne pas commettre d'erreur, coupez la tige plutôt que de l'arracher; ainsi il n'entrera ni terre, ni sable dans les interstices, et vous pourrez pour certaines espèces, espérer un nouveau produit à la même place, principalement si vous avez soin de recouvrir la racine laissée; préférez toujours les sujets non encore parvenus à leur entière maturité, comme les plus sûrs et les plus savoureux.

Quand on veut conserver les champignons pour l'hiver, on les laisse sur une claie ou dans un panier à jour, à l'ombre, dans un lieu sec, entiers, s'ils sont petits, coupés par tranches, s'ils sont volumineux; on peut encore les suspendre à l'air libre ou dans une cheminée près du foyer, enfilés en chapelets sur de gros fils, de manière qu'ils ne se touchent pas; on les place ensuite dans des sacs, ou, on les réduit en poudre qu'on met dans des bocaux pour être conservés en lieu sec. Quelques personnes les font bouillir un instant dans l'eau avec du sel, et les dessèchent ensuite; ils n'offrent plus alors de dangers bien graves et ne sont plus attaqués par les vers. En tout cas, avant de dessécher les champignons, il est bon de les dépouiller de leur épiderme, de leur partie fructifère, et quelquefois de leur pédicule, quoique cette préparation ne soit pas toujours nécessaire.

Ces plantes ainsi desséchées, sont dans certains pays d'une grande ressource pour l'hiver. On les prépare de la même manière que si elles étaient fraîches; mais il faut, lorsque l'on veut en faire usage, commencer par les ramollir en les tenant plongées pendant quelques heures dans de l'eau tiède ou dans du lait. On préfère le lait pour les chanterelles et les clavaires, et l'eau pour les agarics, les morilles et les bolets. Il est une infinité d'autres moyens de conserver les champignons, soit dans l'huile comme les olives, soit dans le vinaigre comme les capres, soit simplement dans l'eau salée, après les y avoir fait chauffer un peu.

« Lorsqu'on veut faire usage des cèpes (bolets), dit M. Paulet, on les fait revenir dans l'eau tiède, où on les laisse infuser toute la nuit sur les cendres chaudes, la veille du jour où l'on veut les manger. On conserve cette eau chargée d'une partie de leur parfum. Les uns les font bouillir ensuite légèrement dans l'eau, et après les avoir essuyés et avoir jeté cette eau, ils les font cuire dans le beurre avec du persil, du sel, du poivre, c'est-à-dire avec l'assaisonnement ordinaire ; ils les nourrissent pendant leur cuisson avec la première eau dont on a parlé : c'est l'affaire d'une heure environ. La liaison se fait avec des jaunes d'œufs ou de la crême. D'autres les mangent aux ognons qu'on fait roussir d'abord sur le feu, dans le beurre ; quand ils commencent à roussir, on place les champignons qu'on achève de faire cuire. Il y en a qui ajoutent de la chapelure de pain, de la muscade ou des quatre épices.

« En Hongrie, on fait avec ces plantes des coulis ou soupes qu'on y mange avec plaisir. Pour cela, on les fait revenir dans l'eau tiède, comme il a été dit plus haut ; on se sert de cette eau dans laquelle on fait bouillir des rôties de pain. Après un temps suffisant, on passe le tout pour en faire un coulis épais de consistance de purée, auquel on ajoute les champignons qu'on a fait cuire à part dans le beurre, avec l'assaisonnement convenable. On mêle le tout pour en faire un plat d'abondance. »

La poudre des champignons desséchés s'emploie pour assaisonner les aliments auxquels elle donne la saveur et le parfum des champignons frais.

CHAPITRE V.

DE LA CULTURE DES CHAMPIGNONS.

L'importance attachée aux champignons par les anciens et les modernes engagea les uns et les autres à rechercher les moyens de cultiver ces plantes pour en avoir en tout temps et en quantité suffisante.

C'est particulièrement sous l'influence d'une température douce et humide, au printemps et en automne, que ces plantes se développent, se renouvellent sous toutes sortes de formes et de couleurs. Les matières les plus propres à seconder leur développement sont les débris des matières végétales et animales en décomposition. Les feuilles et les écorces de chêne, d'orme, de châtaignier, de peuplier, etc., le tan, le fumier de cheval favorisent singulièrement leur reproduction. On a observé que ces deux dernières substances répandues dans les jardins y font naître quelquefois avec profusion le champignon de couche. Ainsi, on peut en avoir dans toutes les saisons, en mêlant trois parties de fumier de cheval, deux parties de tan et une partie de terre végétale; il suffit d'arroser ce mélange avec l'eau dans laquelle on a fait bouillir des champignons.

Un moyen à la fois simple et facile de se procurer toute l'année le champignon comestible, est de creuser dans un jardin abrité, au midi ou au levant, une fosse profonde de six pouces, large d'environ deux pieds, d'une longueur proportionnée à l'étendue du terrain; de la remplir de bon fumier de cheval qu'on larde de blanc de champignon d'espace en espace, et qu'on recouvre ensuite d'un ou deux doigts de terre végétale. On l'arrose de temps en temps, plus souvent en été, surtout si la chaleur est vive, et on la garantit du froid en la couvrant de paille ou de fumier non consommé. On peut établir également la couche dans une cave, où elle exige encore moins de soin, la température y étant toujours à peu près la même. La chaleur la plus convenable à l'intérieur d'une couche est celle de 20 à 28 degrés centigrades; quand cette chaleur baisse trop, il faut renouveler le fumier de dessous. Après quelques semaines ou plus, on voit pousser les champignons. Pour que la couche ne s'affaiblisse point, il faut l'arroser avec l'eau qui a servi à laver les champignons dont on a fait usage, et laisser de temps en temps sécher sur pied quelques individus, afin que leurs graines se déposent sur la couche et entretiennent sa fécondité. Les terres salpêtrées, plâtrées, longtemps imprégnées d'urine, comme la superficie des écuries, seraient préférables pour être mélangées au fumier ou le recouvrir.

On obtient aussi des champignons en mêlant leurs épluchures au fumier d'âne ou de cheval, et en dispersant ce mélange dans les bosquets, dans les jardins, sur un sol préalablement remué avec la pioche ou la bêche.

Ainsi, sans recourir aux couches spéciales usitées presque partout, il suffit de placer dans une cave sèche ou tout autre lieu également sec et privé d'air, du fumier de cheval mi-consommé, à l'état à peu près où il se trouve quand on le sort des couches à melons, mieux celui d'âne ou de mulet, mieux encore celui de chèvre et de mouton, en observant que ces fumiers seront d'autant plus productifs, qu'ils seront plus riches en crotins de ces animaux. Ce fumier, qui dans quelques semaines se blanchira, surtout s'il n'est pas trop humide, sera tout naturellement converti en blanc de champignon.

Les cultivateurs qui en février ou mars, et même plus tôt, voudraient améliorer avec une couche légère de ce fumier les planches qu'ils destinent à la culture des plantes légumineuses, telles que ognons, petits radis, salades, etc., cueilleront abondamment des champignons, sans nuire à la récolte de ces mêmes plantes, c'est-à-dire qu'ils auront deux récoltes pour une. Il en sera de même s'ils mettent de ce fumier blanchi une épaisseur de deux ou trois pouces sur le fumier chaud de leurs couches à melons, ou précoces ou printanières. La récolte qu'ils obtiendront de ce fumier leur rapportera bien autant que celle des melons, sans porter aucun préjudice à cette dernière.

Dans les Landes, on cultive encore le bolet comestible et l'agaric palomet de la manière suivante : on arrose simplement la terre d'un bosquet planté en chênes, avec de l'eau dans laquelle on a fait bouillir une grande quantité de ces deux espèces de champignons. La culture n'exige d'autres soins que d'éloigner de ces lieux les chevaux, les porcs, et toute espèce de bêtes à cornes qui sont très-friandes de ces deux plantes. Ce procédé ne manque jamais de réussir.

CHAPITRE VI.

DE LA PRÉPARATION CULINAIRE DES CHAMPIGNONS.

Comme il n'est ni de nos goûts, ni de notre compétence de traiter les questions culinaires, nous nous contenterons de rapporter ici ce que nous avons trouvé dans divers auteurs mycophiles.

Bien des personnes consomment une foule de champignons sans les faire cuire ; tels que l'agaric comestible, l'agaric élevé, la clavaire corail, le bolet comestible, etc., etc. En Lorraine, les enfants mangent toujours crue cette dernière espèce, et lui trouvent un goût exquis.

Néanmoins beaucoup de ces plantes doivent être cuites et assaisonnées. On peut mettre sur le feu sans en rien retrancher l'agaric du chardon-roland, la chanterelle, les helvelles, les clavaires, les morilles; mais en général, il convient d'enlever l'épiderme, le pédicule quand il est coriace et les parties fructifères aux bolets et à quelques agarics; ayant soin de rejeter même en entier les sujets fanés de vétusté, ou fortement attaqués par les vers.

Nous recommandons avant de cuire et d'assaisonner certains champignons, de les faire tremper quelque temps dans de l'eau froide ou tiède, à laquelle on aurait ajouté un peu de vinaigre ou de sel commun. Si cette préparation enlève un peu d'arôme, elle a aussi l'avantage de pouvoir prévenir des accidents.

D'abord la manière la plus simple de préparer ces végétaux, la plus communément usitée à la campagne et chez les pauvres, consiste à les faire cuire sur le gril, et à les assaisonner d'un peu de beurre frais, de sel et de poivre.

Une autre manière, qui n'est guère moins simple et moins usitée, consiste à les assaisonner de beurre ou d'huile, de sel, de poivre et de fines herbes, et à les faire cuire sur le plat; on y ajoute quelquefois de la chapelure.

En général, les champignons n'exigent pas une cuisson très-longue.

Il est de ces plantes qui se prêtent à toutes sortes de préparations : tels sont l'agaric comestible ou de couche, les mousserons, le bolet comestible, etc. Il en est d'autres auxquelles tels ou tels procédés paraissent mieux convenir. M. Paulet va les indiquer.

MANIÈRE DE PRÉPARER LES CHAMPIGNONS DE COUCHE ET LA PLUPART DES AGARICS.

Champignons en fricassée de poulet.

Après avoir épluché et coupé les champignons, s'ils sont trop grands, on les lave à l'eau froide, et on les passe à l'eau bouillante, ce qu'on appelle blanchir; cela les ramollit un peu, et leur ôte une partie de leur parfum, trop fort ou trop âcre pour certaines personnes. Pour leur donner de la fermeté, on les remet dans l'eau froide, et on les essuie bien ; après quoi on a un morceau de beurre fin qu'on fait fondre dans une casserole sur le feu ; on y ajoute les champignons qu'on mêle bien avec le beurre, pour qu'ils s'en imbibent, ce qu'on appelle faire revenir, en terme de cuisine. Les uns alors (et ce n'est pas la méthode la plus saine), y ajoutent une pincée de farine qu'ils font cuire avec les champignons, après quoi il les mouillent, soit avec de l'eau tiède, soit avec du bouillon du pot ; d'autres les font cuire de même, mais sans addition de farine, et en les assaisonnant tout simplement avec le persil, le poivre, le sel, et quelquefois une pincée des quatre épices ; lorsqu'on doit retirer le persil, on le met en bouquet. Quand ils sont cuits, on fait, en les retirant tout bouillants et hors du feu, une liaison avec des jaunes d'œufs délayés dans l'eau, ou bien avec de la crême, et on les sert. La sauce alors est rarement blanche ; pour la blanchir, on ajoute à la liaison une ou deux tranches de citron sans écorce ; c'est la manière la plus usitée à Paris.

Croûte aux Champignons.

La croûte aux champignons ne diffère de la manière précédente que par l'addition d'une croûte de pain chapelée et vidée de sa mie, sans être rôtie, ou bien roussie au feu, et imbibée de beurre, sur laquelle on verse les champignons fricassés et prêts à être servis.

Œufs aux Champignons.

Pour les préparer, il suffit lorsqu'ils sont suffisamment cuits, comme on vient de l'indiquer, de les presser à travers une étamine, pour extraire le jus qu'on bat ensuite avec des œufs (sur une chopine de jus, il faut cinq œufs dont on a ôté deux blancs) ;

on passe de nouveau à l'étamine, et on les fait prendre au bain-marie dans de petits pots. Si l'on veut les préparer au maigre, on met du lait en place de bouillon lorsqu'on les fait cuire, et on observe les proportions indiquées.

Champignons en matelotte.

Cette manière consiste à achever de cuire, dans la sauce d'une matelotte, les champignons déjà passés ou revenus dans le beurre, manière qui se rapproche le plus de celle des anciens, qui les faisaient cuire dans l'huile et le vin.

Tourte aux Champignons.

Pour la faire, on commence par couper du beurre par tranches dont on couvre le fond d'une tourtière ; sur ce beurre on met une couche de mie de pain bien fine, une autre couche de champignons dont on a ôté la peau et les tiges ; on couvre ces champignons de beurre coupé de même par tranches ; on ajoute du poivre, du sel et des fines herbes, comme persil, etc., et de la mie de pain dont on fait une autre couche un peu épaisse, sur laquelle on fait un second lit de champignons semblable au premier, et qu'on recouvre encore de beurre, de mie de pain, de fines herbes, etc. On fait jusqu'à trois couches ou lits, placés alternativement entre ceux de beurre et de mie de pain, etc., de manière que les champignons soient placés immédiatement sur un lit de pain et sous une couche de beurre, et que le tout soit recouvert d'une couche de mie de pain très-épaisse (de l'épaisseur du doigt environ). On couvre la tourtière de son couvercle ou four de campagne, on met le feu dessus et dessous, et on fait cuire ; c'est l'affaire d'une heure. La tourte cuite, on la sert dans la tourtière. Cette manière est principalement usitée dans le Bourbonnais.

On fait entrer les champignons de couche et la plupart des

autres agarics dans la préparation des salmis, des gibelottes, des vole-au-vent ; on en fait des salades, des potages ; on les mêle aux viandes ; on les cuit à l'eau, au lait, au vin, à l'huile, etc.

On en fait des *beignets*, en les jetant dans l'huile ou dans le beurre chauds, après les avoir fait bouillir à l'eau et les avoir roulés dans la farine.

MANIÈRE DE PRÉPARER L'ORONGE.

La meilleure manière d'apprêter l'oronge consiste, après l'avoir dépouillée de sa peau et séparée de sa tige que l'on peut aussi laisser, à la faire cuire renversée sur un plat, une lèche-frite ou autre vaisseau, sa cavité garnie de fines herbes, de mie de pain, d'ail, de poivre, de sel et de hachures de la tige, le tout arrosé d'huile d'olive ; c'est ce qu'on appelle à la *barigoule*, ou à la *provençale*.

Les Provençaux et les Languedociens font beaucoup de cas de l'oreille de chardon-roland. Ils la mangent apprêtée avec de l'huile, du sel, du poivre, du persil et de l'ail ; mais cette plante est encore meilleure en fricassée de poulet. On la dit plus délicate que le champignon de couche.

MANIÈRE DE PRÉPARER LA CHANTERELLE.

La cuisson dans l'eau paraît nécessaire pour ramollir les chanterelles, attendu que leur consistance est un peu ferme. Il n'y a rien à ôter pour les préparer ; on les coupe par morceaux, on les fait revenir un peu dans l'eau bouillante, et on les fricasse avec du beurre, du persil, du poivre, du sel, etc. ; mais l'expérience a prouvé qu'après les avoir passées à l'eau bouillante, la meilleure manière de les apprêter, c'est de les faire cuire, sans les essuyer, à la graisse et au bouillon ; de cette sorte, elles sont toujours un peu coriaces. Comme elles sont très-peu aqueuses par elles-mêmes, elles ont besoin d'un véhicule liquide un peu abondant.

MANIÈRE D'APPRÊTER LES BOLETS.

Toutes les préparations auxquelles on soumet le champignon de couche, conviennent à la plupart de ces plantes lorsqu'elles sont fraîches. Ainsi, on les peut mettre en tourte, en ragoût, en fricassée de poulet, etc.

Il y a deux principales manières de manger le bolet foie-de-bœuf, ou cuit sous la cendre et coupé ensuite par tranches avec une liaison, ou bien apprêté en fricassée de poulet; c'est-à-dire qu'après l'avoir épluché et bien essuyé, on le fait revenir à l'eau bouillante, et on le fait cuire dans le beurre, avec un peu de persil, de ciboule, de poivre, de sel, etc., on fait une liaison avec les jaunes d'œuf. L'assaisonnement un peu piquant lui est toujours nécessaire à cause de sa viscosité, lorsqu'il est un peu avancé. On a éprouvé que le vinaigre se marie mal avec le bolet foie, et gâte la sauce. Cette plante, qui a une saveur de truffe, altère, échauffe même un peu lorsqu'on en mange trop, mais ne nuit jamais. Lorsqu'elle n'est que naissante, elle ne produit pas cet effet. Le foie-de-bœuf offre un aliment agréable et une ressource au besoin; un seul de ces champignons pourrait suffire amplement pour faire un bon repas.

A Vienne en Autriche, dit Trattinnick, on le coupe en petites tranches, et on le mange en guise de salade avec la chicorée et la mâche; on le fait cuire aussi avec de la viande de veau, en y ajoutant de la crême et du suc de citron.

MANIÈRE DE PRÉPARER LES HYDNES.

Ce qui a été dit plus haut de la chanterelle peut s'appliquer entièrement à l'hydne sinué. On mange aussi ce champignon cuit sur le gril avec des fines herbes.

L'hydne hérisson s'accommode comme le champignon de couche.

MANIÈRE D'APPRÊTER LES CLAVAIRES.

Après avoir lavé et épluché ces plantes, on les fait ramollir sur un feu doux, dans une casserole, avec un morceau de beurre ; lorsqu'elles sont ramollies, on jette l'eau qu'elles ont rendue, et on les remet sur le feu avec du beurre, du persil, de la ciboule; on les remue un peu, et on les saupoudre légèrement de farine; on les mouille avec du bouillon, et quand elles sont cuites, on fait la liaison avec les jaunes d'œufs; leur cuisson est l'affaire d'une heure.

D'autres, après les avoir bien épluchées et lavées, les font cuire avec du lard qu'on met dessus et dessous, et du bouillon, en ajoutant du sel, du gros poivre, un morceau de jambon et un peu de persil. Il leur faut environ une heure de cuisson ; après ce temps, on les met dans une sauce faite avec du coulis ou du jus de viande; ou bien on les prépare en fricassée de poulet, sans les remettre sur le feu. On a soin de couvrir la casserole avec du papier, sur lequel on pose le couvercle ; c'est le moyen de retenir leur parfum, de les conserver blanches, et d'empêcher la sauce de s'épaissir trop.

MANIÈRE D'APPRÊTER LES MORILLES.

Pour les apprêter, on commence, après les avoir épluchées, par les laver et les battre dans plusieurs eaux, d'une casserole à l'autre, pendant quelque temps, pour leur ôter toute la terre qu'elles sont sujettes à contenir dans leurs cavités. Cette opération faite, on les égoutte bien en les essuyant, et on les met dans une casserole sur le feu, avec du beurre, du gros poivre, du sel, du persil, et si l'on veut, un morceau de jambon. Une heure de cuisson leur suffit. Comme elles ne rendent pas beaucoup d'eau, on est obligé de les humecter souvent, et pour cela, on préfère le bouillon. Lorsqu'elles sont cuites, on ajoute des jaunes d'œufs, pour faire la liaison, en les ôtant du feu. Il y en a qui y mettent un peu de crême. On les sert seules, ou sur une croûte de pain rissolée et imbibée de beurre.

Morilles à la crême.

Après les avoir passées sur le feu, avec du beurre, du sel, un bouquet de fines herbes, et un petit morceau de sucre, on les mouille, quand elles ont perdu leur eau, de bon bouillon, en ajoutant quelques pincées de farine; on y mêle ensuite de la crême, et on les sert avec des croûtes.

Morilles à l'italienne.

Après les avoir lavées, battues et laissées égoutter, on les coupe en deux, ou en trois, si elles sont trop grosses; on les met dans une casserole sur le feu, avec un bouquet de fines herbes (persil, ciboule, cerfeuil, pimprenelle, estragon, civette), un peu de sel et un demi verre d'huile. On les passe quelques tours jusqu'à ce qu'elles aient rendu leur eau; ensuite on y met du persil hâché, du blanc de ciboule et un peu d'échalottes. On donne encore un tour; on met quelques pincées de farine, on les mouille avec du bouillon; on ajoute un demi verre de vin de Champagne; et après les avoir laissées un peu mijoter, on les sert avec du jus de citron et des croûtes de pain.

Morilles en hâtelets.

Après les avoir lavées, coupées en deux, et passées au feu, pour leur faire rendre leur eau, on les met avec du beurre, de l'huile, du sel, du poivre, du persil, de la ciboule hâchée et des échalottes; ainsi marinées, on les embroche avec de petite brochettes, et on les fait griller après les avoir légèrement panées. On les arrose avec leur sauce, et on les sert avec ce qui reste.

Morilles farcies.

On préfère pour les farcir les morilles fraîches et les blondes. On les ouvre au bout de la tige, et après les avoir bien lavées, battues et essuyées, on les garnit d'une farce fine, et on les fait cuire entre des bandes de lard. On les sert dans une sauce semblable à celle des morilles à l'italienne.

A Vienne, en Autriche, on farcit les morilles avec de la chapelure de pain, de la viande de volaille, des sardines, des écrevisses et d'autres assaisonnements.

On mange encore ces champignons frais, grillés, ou cuits sous un four de campagne.

Manière d'apprêter les Truffes.

Quelques personnes se contentent de faire cuire les truffes sous la cendre, enveloppés dans un ou plusieurs papiers imbibés d'huile, et les mangent ensuite sans assaisonnement.

Pour assaisonner la truffe on préfère avec raison l'huile ou le beurre à tout autre substance. Après l'huile, le vin est l'ingrédient ou le véhicule qui lui convient le mieux, et lorsque ces deux substances sont mariées ensemble, alors l'assaisonnement est parfait. Voilà pourquoi un ragoût de truffes n'est bon et bien agréable que lorsque la sauce a pour base l'huile et le vin. Ainsi pour faire un bon ragoût, après les avoir bien lavées et bien brossées pour enlever toute la terre, on les fait tremper un peu dans l'eau, ou ce qui est mieux dans l'huile; on les coupe ensuite par tranches, et on les met sur le plat avec de l'huile ou du beurre, un peu de vin, de sel et du gros poivre; il y en a qui ajoutent des anchois et de petits ognons; c'est l'affaire d'une heure de cuisson; on fait une liaison avec des jaunes d'œufs.

Quand les truffes sont de bonne qualité, ce ragoût est délicieux. Quelques personnss ajoutent un peu de bouillon et des fines herbes, une pointe d'ail, un filet de vinaigre pendant la cuisson.

CHAPITRE VII.

MÉTHODE POUR RECONNAITRE FACILEMENT PAR LES TABLEAUX ANALYTIQUES LE GENRE ET L'ESPÈCE D'UN CHAMPIGNON.

Aussitôt que vous avez trouvé un champignon, une pézize, par exemple, vous ouvrez le tableau, vous lisez : *Champignons dont les sporules sont placées à la face extérieure;* comme cette qualité convient à votre champignon, vous passez au N° 1 vis-à-vis; vous lisez : *Champignons à membrane sporulifère unie et non pulpeuse.* Puisque ces qualités conviennent encore à votre plante, vous allez vis-à-vis, à *plante en forme de coupe, sporules placées à la face supérieure. Point de chapeau :* Ces qualités conviennent encore à votre champignon; vis-à-vis, vous avez le mot *pézize*, nom du genre de la plante que vous tenez en main; il n'y a plus qu'à examiner dans le texte courant, à quelle espèce appartient votre pézize.

S'il s'agissait d'un bolet; en suivant la même marche, vous verriez que les mots du premier ordre lui conviennent; en allant aux numéros vis-à-vis, vous trouveriez que le N.° 1 ne lui convient point, parce que la membrane sporulifère n'est pas *unie;* vous passeriez donc au N.° 2 qui lui convient, parce que *la membrane sporulifère est modifiée en forme de tubes :* puis, parcourant les définitions en regard, vous trouveriez que ce n'est pas une hydne, parce qu'il n'y a pas de pointes; allant plus loin, aux pores ou tubes qui couvrent la face inférieure, vous reconnaîtriez le genre *bolet*. Il n'y aurait plus qu'à consulter de la même façon le tableau des espèces de bolets.

Si enfin, vous aviez l'agaric comestible ou de couche; ses feuillets placés à la face inférieure du chapeau, vous feraient d'abord reconnaître le genre *agaric*. Vous passeriez immédiatement au tableau des agarics. Voyant que votre plante n'a point de volva, vous passez du mot *pédicule* seul, à la lettre *A*, il est dit : *Pédicule nul, ou latéral ou excentrique ;* vous devez aller plus loin, votre agaric *a un pédicule central*. La lettre *B* ne convient pas non plus, *le pédicule n'est pas nu*, *il a un collet ou collier*. La lettre *C* ne convient pas encore, les feuillets de votre agaric *ne se fondent pas en une eau noirâtre*. L'article *D* convient à votre champignon; vous lisez vis-à-vis: feuillets noircissant dans la vieillesse. Ces mots s'adaptent à votre plante : Vous avez l'*agaric comestible*. Il faudrait suivre la même marche pour les autres champignons, afin de trouver les ordres, les genres et les espèces.

Si vous vous trompez, vous le remarquerez souvent dans la description des espèces, alors il faudra recommencer avec plus d'attention ; ou consulter pour les genres le double tableau analytique que nous avons donné, afin de faciliter les recherches; ou, enfin remettre l'analyse à un autre temps. Il pourrait arriver aussi, que votre plante ne fût pas indiquée dans ce petit ouvrage : personne ne peut croire qu'il a décrit tous les champignons d'une contrée ; ces plantes se présentent sous des formes trop bizarres ; puis, nous avons omis à dessein une foule de champignons évidemment non comestibles à cause de leur dureté, comme certains bolets; ou de leur petitesse toute microscopique, de leur mauvaise odeur, de leur tendance à se réduire promptement en eau comme les coprins, les clathres, etc.

Les moyens que nous venons d'indiquer pourront sembler fastidieux au premier abord, mais ils seront bientôt abrégés par l'habitude et l'inspection des principales espèces que nous avons fait dessiner au tiers environ de leur grandeur naturelle.

Classification générique des Champignons.

Ordre	Section	Caractères	Genres.
PREMIER ORDRE. Champignons dont les sporules sont placées à la face extérieure.	1. Champignons à membrane sporulifère unie, et non pulpeuse.	Plante en forme de coupe; sporules placées à la face supérieure. Point de chapeau	PÉZIZE.
		Plante gélatineuse; de forme irrégulière; sporules éparses sur sa surface entière. Point de chapeau.	TRÉMELLE.
		Plante en forme de massue, ou se divisant en rameaux ordinairement redressés; sporules éparses sur toute la plante, à l'exception du pédicule. Point de chapeau.	CLAVAIRE.
		Plante pourvue d'un chapeau irrégulier, à la surface inférieure duquel sont placées les sporules	HELVELLE.
	2. Champignons à membrane sporulifère, modifiée en forme de pointes, de tubes ou pores, de rides proéminentes, ou de feuillets, et non pulpeuse.	Plante pourvue d'un chapeau non toujours distinct, hérissé de pointes à sa face inférieure, et quelquefois à sa face supérieure.	HYDNE.
		Plante pourvue d'un chapeau recouvert de pores ou tubes à sa face inférieure	BOLET.
		Plante pourvue d'un chapeau garni de rides préominentes à sa face inférieure	MÉRULE.
		Plante pourvue d'un chapeau garni de feuillets à sa face inférieure. Quelques espèces ont un volva.	AGARIC.
		Plante pourvue d'un chapeau relevé extérieurement de nervures anastomosées qui forment des cellules irrégulières. Point de volva.	MORILLE.
	3. Champignons à membrane sporulifère, couverte d'une pulpe liquide.	Plante pourvue d'un chapeau pédonculé, couvert de rides proéminentes. Un volva.	SATYRE.
		Plante pourvue d'un chapeau sessile, vide dans le centre, divisé en lanières qui s'anastomosent en forme de grillage. Un volva .	CLATHRE.
DEUXIÈME ORDRE. Champignons dont les sporules sont contenues dans un réceptacle commun, fermé de toutes parts au moins dans le jeune âge.		Plante globuleuse, sessile ou en toupie, remplie dans sa jeunesse d'une chair ferme qui se change ensuite en une poussière abondante entremêlée de filaments. Réceptacle simple, s'ouvrant ordinairement au sommet pour donner passage aux sporules	VESSE-LOUP.
		Plante souterraine, arrondie, dont l'intérieur toujours charnu, marbré ou veiné, ne se remplit jamais de poussière.	TRUFFE.

Autre tableau analytique des genres.

				Genres.
SPORULES placées à l'intérieur dans une enveloppe commune ou sur des lames, ou dans une pulpe placée sur la surface extérieure d'un chapeau.	Dans une enveloppe unique et commune.		Plante souterraine..........	TRUFFE.
	Dans une enveloppe unique et commune.		Plante non souterraine.....	VESSE-LOUP.
	Dans des tubes.....................................			BOLET.
	Dans une pulpe.		Chapeau pédiculé, couvert de rides proéminentes ...	SATYRE.
	Dans une pulpe.		Chapeau sessile, vide dans le centre, formé de lanières anastomosées en grillage..........................	CLATHRE.
	Sur des lames..			AGARIC.
SPORULES placées à l'extérieur.	Surface fructifère unie.	Plante formée d'un pédicule terminé par un chapeau mitriforme, à lobes réfléchis, farineux en-dessous..........................		HELVELLE.
	Surface fructifère unie.	Point de chapeau pédiculé.	Champignons allongés en massue, simples ou rameux.	CLAVAIRE.
	Surface fructifère unie.	Point de chapeau pédiculé. — Champignons plus ou moins aplatis, ou en capsules.	Plante de consistance gélatineuse, souvent aplatie, couverte de sporules sur toute la surface........	TRÉMELLE.
	Surface fructifère unie.	Point de chapeau pédiculé. — Champignons plus ou moins aplatis, ou en capsules.	Plante non gélatineuse, relevée en forme de coupe, des sporules seulement sur une face.........	PÉZIZE.
	Surface fructifère couverte de rides ou de pointes.	Rides placées à la surface supérieure d'un chapeau pédiculé, formant des alvéoles ou des cellules........................		MORILLE.
	Surface fructifère couverte de rides ou de pointes.	Rides placées inférieurement sur un pédicule qui va en s'évasant, très-prononcées, ne formant point d'alvéoles..................		MÉRULE.
	Surface fructifère couverte de rides ou de pointes.	Plante couverte de pointes très-saillantes, formant quelquefois des tubes incomplets............................		HYDNE.

PREMIER GENRE.

PÉZIZE.

Plantes { *à consistance gélatineuse, première famille.*
à consistance de cire, deuxième famille.

Première Famille.

Première Espèce. — **Pézize oreille de Judas.**

Plante ferme, élastique, composée de deux lames appliquées l'une sur l'autre, sessile, mince, ayant presque toujours la forme d'une oreille d'homme, large de 0,1 sur 0,07 de hauteur. Surface supérieure d'un brun rougeâtre, creusée en soucoupe; l'inférieure plus pâle, pulvérulente, veinée; sur les vieux troncs d'arbres, en particulier sur ceux du sureau. *Purgative; non alimentaire.*

Deuxième Espèce. — **Pézize noire.**

Plante élastique, épaisse, d'un brun noirâtre; ou noirâtre en-dessus et rouillée en-dessous, sessile en forme de cône renversé et tronqué, large de 0,03, surface supérieure en soucoupe dans la jeunesse, et convexe dans la suite; l'inférieure peluchée et ridée. Printemps, automne, temps humides, sur les bois morts et spécialement sur les troncs de chênes coupés et exposés à l'air. (Esnes, près Cambrai). Les soldats russes s'en nourrirent en 1816 et 1817.

Deuxième Famille.

Première Espèce. — **Pézize en ciboire** (fig. 1).

D'abord de la forme d'un grelot, puis s'évasant peu à peu

pour prendre celle d'un ciboire; surface extérieure ordinairement relevée de nervures ramifiées ; pédicule court, épais, sillonné, tenant à la terre par une petite racine. Couleur jaune fauve dans la jeunesse, bistrée dans la vieillesse. Printemps, automne ; temps doux, humides, les fumiers, les cours, les jardins, les chemins battus, les bois humides, sous les pommiers, les ifs. *Alimentaire.*

DEUXIÈME ESPÈCE. — **Pézize en limaçon.**

Mince, partagée jusqu'à la base en deux lobes latéraux, roulés en limaçon, ou en spirale ; fragile, transparente comme la cire ; d'abord d'un brun jaunâtre, puis d'un fauve cendré, et enfin brunâtre : large de 0,028, haute 0,015. Automne, les bois, les jardins, souvent en groupe de quatre à cinq individus. *Alimentaire, peu sapide, comme la plupart des Pézizes.*

DEUXIÈME GENRE.

TRÉMELLE.

Trémelle mésentère.

Plante gélatineuse, élastique, consistante, partagée en plusieurs lobes minces et plissés, disposés en fraise de veau, variant de couleur selon l'âge et les circonstances. On y trouve le blanc, le bistre, le jaune, l'orangé, la couleur de chair, le rouge bistré, le violet, le brun et le noir. Toute l'année, sur les bois morts. *Alimentaire*

Traitées par infusion ou ébullition, ces plantes donnent des couleurs belles et solides.

TROISIÈME GENRE.

CLAVAIRE.

Première Espèce. — **Clavaire corailloïde** (fig. 3).

Plante quelquefois simple, mais plus souvent divisée en rameaux à surface ondulée, cylindriques, pleins, fragiles, imitant des branches de corail, variant du blanc au jaune et au rouge orangé. Dans les forêts, en automne. *Alimentaire.*

Deuxième Espèce. — **Clavaire cendrée.**

De couleur grisâtre ou cendrée; tronc épais, se partageant en un grand nombre de rameaux fragiles, aplatis au sommet et sinueux sur leurs bords : Hauteur de 0,06 à 0,16, à terre, dans les bois; octobre et novembre. *Alimentaire.*

Troisième Espèce. — **Clavaire améthyste.**

Plante divisée en rameaux cylindriques, pleins, fragiles, non ondulés à leur surface; d'un violet-lilas, ou lilas dans la jeunesse, brune ou noire dans la vieillesse, haute de 0,055. A terre, dans les bois. *Alimentaire.*

Quatrième Espèce. — **Clavaire crépue.**

D'un volume considérable, de forme arrondie et de couleur jaunâtre; tronc très-épais et tubéreux, d'où partent des rameaux comprimés en lames crépues et denticulées. Octobre; bois de sapins. *Comestible.*

QUATRIÈME GENRE.

HELVELLE.

PREMIÈRE ESPÈCE. — **Helvelle en mître** (fig. 2).

Transparence et fragilité de la cire ; stipe lacuneux ou cannelé, épais, celluleux à l'intérieur, long de 0,015 à 0,08. Chapeau composé de lobes réfléchis, formant une sorte de mître, quelquefois subdivisés en un grand nombre de lobes verticaux. Il y a une variété blanche, une fauve et une noirâtre. Au printemps, aussitôt que le peuplier pyramidal commence à boutonner, et sous ce même arbre jusqu'à ce qu'il ait des feuilles bien formées ; en juillet sous les chênes ; l'helvelle blanche sous les mêmes arbres en novembre et décembre dans les terrains très-humides. En général dans une terre légère, sablonneuse, franche, dans les forêts, les pépinières, les champs de trèfle, de jeune blé. *Très-agréable*, *goût de la morille.* On préfère l'helvelle blanche.

DEUXIÈME ESPÈCE. — **Helvelle élastique.**

Champignon fragile, transparent, d'un blanc jaunâtre, quelquefois brunâtre ; stipe cylindrique, grêle, fistuleux, non lacuneux, fendu en deux longitudinalement, donnant deux moitiés qui se resserrent sur leurs bords et prennent chacune la forme cylindrique ; chapeau mince, lisse, large de 0,015, à deux ou trois lobes verticaux, contournés, dont les bords adhèrent quelquefois au stipe. *Comestible.*

TROISIÈME ESPÈCE. — **Helvelle comestible.**

Chapeau membraneux, lisse, diversement plissé, quelquefois lobé, large de 0,08, d'un brun rougeâtre ; pédicule fistuleux, non sillonné, blanchâtre ou de couleur de chair, souvent renflé à sa base. Dans les lieux élevés. *Nous ne connaissons pas d'helvelles nuisibles.*

CINQUIÈME GENRE.

HYDNE.

Chapeau	*non distinct ; champignons rameux croissant sur les arbres. Première famille.*
	distinct; plante croissant à terre. Deuxième famille.

Première Famille.

Première Espèce. — **Hydne à tête de Méduse.**

Tronc charnu, court, épais, terminé par des divisions nombreuses, grêles, allongées, simples, pointues, d'abord verticales, puis pendantes, rassemblées en touffes et insérées sans ordre; d'un blanc de lait dans la jeunesse, plus tard d'un gris sale. A la fin de l'été, sur les bois morts. D'une odeur et d'un goût agréables. *Alimentaire.*

Deuxième Espèce. — **Hydne hérisson.**

Pédicule nul ou très-court, simple, irrégulièrement cylindrique, recourbé au sommet; aiguillons nombreux, minces, allongés, pendants, terminés par étages, longs de 0,025. Espèce grande, d'abord blanche, puis jaunâtre. Dans les cicatrices des vieux chênes. Saveur des champignons de couche. *Alimentaire.*

Troisième Espèce. — **Hydne corail.**

Plante sessile, grande, d'abord blanche, puis jaunâtre; base tendre, charnue, émettant un grand nombre de rameaux hérissés de pointes à leur surface inférieure; ces rameaux rapprochés en touffes portent aux sommets des houpes de longues pointes, d'abord droites, puis pendantes et terminées par étages. Cette plante, dans sa jeunesse, ressemble à un chou-fleur. En automne, sur les vieux troncs d'arbres, principalement de chênes. *Alimentaire.*

Deuxième Famille.

Première Espèce. — **Hydne sinué** (fig. 6).

Plante d'un jaune fauve, quelquefois blanchâtre; chapeau charnu, convexe, lisse en-dessus, large de 0,055 à 0,08, souvent arrondi, à bords également arrondis ou sinués; hérissé en-dessous de pointes fragiles, cylindriques, en alènes, un peu plus foncées que le reste de la plante; pédicule gros, court, presque toujours excentrique. A terre, en touffes; en automne, dans les bois ombragés, ou près de ces mêmes bois. Quand on la mâche crue, elle laisse un arrière goût poivré, un peu acerbe. *Alimentaire.*

Deuxième Espèce. — **Hydne écailleux.**

Chapeau d'un gris cendré ou fauve, convexe, arrondi, épais, large de 0,055 à 0,01; parsemé de taches brunâtres et d'écailles, garni en-dessous de pointes cylindriques, épaisses, d'abord blanches au sommet, puis d'un gris brun; pédicule très-gros et allongé. *Alimentaire.*

Tableau analytique des Bolets.

						Familles.
TUBES.	Libres et non adhérents entr'eux				....	HYPODRYS.
	Adhérents entr'eux.	Inséparables de la tête du chapeau, pédicule nul ou excentrique.	Pédicule.	Nul	....	POLYPORE.
				Existant.	Latéral ou excentrique.	PLEUROPODE.
					Central. (Voir *A* ci plus bas).	
		A Tubes facilement séparables de la tête du chapeau, pédicule central. CENTROPODE.	*(sections)* Pédicule.	Lisse	....	PIED DOUX.
				Couvert d'aspérités	....	PIED RUDE.
				Muni d'un collier	....	PIED ANNULAIRE.

SIXIÈME GENRE.

BOLET.

PREMIÈRE FAMILLE. — *HYPODRYS.*

ESPÈCE UNIQUE. — **Bolet foie** (fig. 5).

Champignon charnu, gélatineux, rouge-brun, long de 0,022, sessile, ou porté sur un pédicule latéral, gros et court ; chair zônée, mollasse, fibreuse, assez rouge ; face supérieure gluante ; face inférieure recouverte de tubes distincts, serrés, d'abord blancs, puis d'un jaune pâle, un peu frangés à leur orifice ; goût vineux, un peu acide. Au pied des vieux chênes, en septembre et octobre. *Aliment agréable.*

DEUXIÈME FAMILLE. — *POLYPORE.*

Bolet ongulé et autres.

Champignon ayant presque la dureté du bois ; surface grise et ferrugineuse, etc., etc. Sur les vieux troncs ; ne sert qu'à faire l'amadou ; ce qui nous dispense d'une plus longue description.

On cite encore le bolet obtus employé à transporter le feu ; le bolet de Sologne avec lequel on fait de l'amadou, aux environs d'Orléans, en le passant deux fois à la lessive et le battant ensuite ; le bolet odorant qui vient sur les saules, répand une odeur pénétrante qui tient de la vanille et de l'anis, et sert de parfum aux Lapons ; le bolet du mélèze employé comme purgatif, et remplaçant la noix de galle pour teindre la soie en noir ; enfin le bolet sulfurin, d'un jaune doré, ou rougeâtre ou chamois qui vient sur les cicatrices des vieux chênes et des mérisiers ; il n'est employé que pour teindre en jaune.

TROISIÈME FAMILLE. — *PLEUROPODE.*

PREMIÈRE ESPÈCE. — **Bolet du noyer.**

Pédicule latéral, très-court, épais, roussâtre, dont la base de couleur brune, est souvent attachée par le côté convexe; chapeau de 0,016 à 0,04 de diamètre, roux et bistré, ordinairement crevassé ou couvert de squammes brunâtres; tubes larges, courts, quelquefois blancs, plus souvent de la couleur de la plante. Odeur forte et pénétrante; goût d'abord salé, puis mielleux et agréable. *Alimentaire*, malgré sa consistance ferme.

DEUXIÈME ESPÈCE. — **Bolet à feuilles d'acanthe.**

Chair fragile, mollasse, acidulée, rougeâtre; pédicule de même couleur, granuleux, cylindrique à la base, évasé en un demi chapeau irrégulier, lobé, zôné en-dessus, et d'un rouge de brique; tubes blanchâtres, prolongés jusque sur le pédicule. Automne, sur les vieilles souches, souvent au niveau de la terre et en touffes. *Alimentaire.*

TROISIÈME ESPÈCE. — **Bolet en bouquet.**

Ce champignon, qui pèse jusqu'à vingt kilogrammes, est formé de nombreux chapeaux imbriqués, d'un brun grisâtre, un peu ridés ou tuberculés à leur surface supérieure; pores blanchâtres, comme le tronc; largeur et hauteur de 0,33. Odeur et saveur agréables. Au pied des chênes. *Alimentaire.*

QUATRIÈME ESPÈCE. — **Bolet truffe.**

Surface chagrinée ou grenue; couleur, goût et parfum de la truffe; hauteur et largeur de 0,08. Dessous du chapeau poreux, blanc, devenant roussâtre par vétusté. Pédicule placé vers le milieu de l'ovale, blanc, plein; substance blanche, ferme, cassante, d'unfort bon goût. *Alimentaire*.

QUATRIÈME FAMILLE. — *CENTROPODE*.

PREMIÈRE SECTION. — PÉDICULE LISSE.

PREMIÈRE ESPÈCE. — **Bolet à tubes rouges** (fig. 10).

Tubes rouges, surtout à l'orifice, jaunissant dans la vieillesse; pédicule jaune, réticulé, le plus souvent cylindrique; chair se colorant en rouge, en vert, en bleu, en noir quand on la déchire. A terre, dans les bois; fin d'été, automne. *Suspect*.

DEUXIÈME ESPÈCE. — **Bolet bronzé** (fig. 7).

Pédicule cylindrique, assez grêle, long de 0,08, jaunâtre, fauve ou brun, ordinairement réticulé à sa surface; chapeau épais, orbiculaire, noir bronzé en-dessus; tubes courts, jaune de soufre; chair ferme, blanche.

Variété A. — Chair blanche, vineuse vers la peau, jaunâtre vers les tubes.

Variété B.— Chair jaunâtre, un peu verdâtre après la rupture.

Variété C. — Tubes blancs.

Variété D. — Chair blanche dans la jeunesse, noircissant dans la vieillesse; pédicule blanc, marqué de points obscurs. En automne, à terre dans les bois. *Comestible*, d'un goût délicat.

TROISIÈME ESPÈCE. — **Bolet comestible** (fig. 8 et 9).

Hauteur de 0,17 à 0,19; pédicule gros, plein, cylindrique, quelquefois renflé ou bulbeux à sa base, couleur de bois de noyer, réticulé. Chapeau épais, voûté, large de 0,19, d'un jaune terne, brun, rouge brun ou cendré, ou blanchâtre; tubes allongés, minces, d'abord blancs, puis d'un jaune pâle ou même verdâtre. Chair ferme, épaisse, blanche ou jaunâtre, souvent d'un rouge vineux sous la peau. Cette couleur ne change pas quand on ouvre la plante. A terre, dans les bois, de juin à octobre. *Très-propre à l'alimentation et à l'assaisonnement.*

Quatrième Espèce. — **Bolet blanc.**

Hauteur de 0,1, sur 0,08 de diamètre ; d'un blanc de lait, sans changer de couleur à l'incision ; saveur de bon champignon, sans odeur. *Comestible.*

Cinquième Espèce. — **Bolet marron.**

Couleur de marron, tubes passant du blanc au jaune ; chapeau orbiculaire, convexe, large de 0,065, d'un aspect velouté ; pédicule lisse, mou, cylindrique, souvent renflé et crevassé à la base. En été, à terre, dans les bois. *Comestible.*

Sixième Espèce. — **Bolet à tubes jaunes.**

Pédicule grêle, long de 0,11 à 0,14, ordinairement tortueux, cylindrique, tantôt aminci, tantôt renflé à sa base et élargi au sommet, jaune ou roussâtre, strié ou réticulé ; chapeau de couleur cendrée; brunâtre ou bronzée, plus claire sur les bords; gercé dans la vieillesse ; tubes jaunes, irréguliers, larges, allongés ; saveur agréable. Dans les bois, souvent solitaire ; en été, automne. *Comestible.*

Deuxième Section. — Pédicule couvert d'aspérités.

Première Espèce. — **Bolet rude.**

Pédicule haut de 0,16 à 0,19, cylindrique, renflé à la base, plein, hérissé d'aspérités noirâtres ; chapeau charnu, hémisphérique, large de 0,06 à 0,15, d'un jaune terne, bistre ou rouillé; tubes allongés, ordinairement blancs, quelquefois gris, ou incarnats, ou jaunâtres; chair mollasse et acidulée. *Comestible.*

DEUXIÈME ESPÈCE. — **Bolet orangé.**

Pédicule long de 0,1, épais, cylindrique, ou renflé dans le milieu, blanchâtre, hérissé d'écailles rousses; chapeau de couleur orangée ou fauve; tubes blancs; chair blanche, molle, prenant une teinte vineuse par l'incision. A terre, dans les bois; automne. *Comestible.*

TROISIÈME ESPÈCE. — **Bolet circinal.**

Chapeau visqueux, d'un jaune pâle; chair ne changeant pas de couleur; tubes et pores jaunâtres; champignons réunis sous les sapins en forme de cercle. — *Comestible.*

TROISIÈME SECTION. — PÉDICULE MUNI D'UN COLLIER.

ESPÈCE UNIQUE. — **Bolet annulaire.**

Pédicule long de 0,08, cylindrique, plein, jaunâtre, muni d'un collet annulaire qui se détruit de bonne heure; chapeau jaune, tacheté de lignes roussâtres, tubes d'un jaune foncé; chair ferme, épaisse, blanche, conservant sa couleur après l'incision; goût aigrelet suivi d'amertume. Automne; sur la terre, les lieux couverts. *Suspect.*

SEPTIÈME GENRE.

MÉRULE.

Première Espèce. — **Mérule Chanterelle** (fig. 11).

Pédicule nu, plein, charnu, épais de 0,013 à 0,015, se dilatant en un chapeau d'abord arrondi et convexe, puis sinueux ou lobé, en entonnoir, presque toujours plus prolongé d'un côté que de l'autre, dont le dessous est parcouru par des veines aux replis bifurqués et décurrents sur le pédicule. Couleur jaune chamois, plus ou moins foncé; à la fin de l'été et en automne. *Champignon délicieux*.

Deuxième Espèce. — **Mérule à pied noir**.

Pédicule grêle, cylindrique, noir à la maturité; chapeau d'un jaune sale, d'abord convexe, puis concave. Dans les bois, les champs, parmi les graminées. *On la dit vénéneuse*.

HUITIÈME GENRE.

AGARIC.

Première Famille. — *PLEUROPODE*.

Première Espèce. — **Agaric de chêne**.

Plante ordinairement épaisse d'environ 0,08, variée dans sa forme et sa dimension, coriace, attachée par la plus grande partie de sa surface supérieure; l'inférieure est garnie tantôt de lames anastomosées, tantôt de pores larges, sinués, ce qui, avec sa couleur pâle ou grisâtre, la fait ressembler quelquefois à un

Tableau analytique des Agarics.

Familles.

- **Point de volva.**
  - **Pédicule.**
    - *A.* Nul, latéral ou excentrique . . . . PLEUROPODE.
    - **Central.**
      - **Nu.**
        - Feuillets tous entiers et égaux en longueur . . . . RUSSULE.
        - *B.* **Feuillets inégaux.**
          - Suc laiteux, blanc, jaune doré, ou rougeâtre . . . . LACTAIRE.
          - Suc limpide, incolore, ne noircissant pas en vieillissant.
            - Chapeau à centre proéminent, pédicule ordinairement plein . . . . GYMNOPOPE.
            - Chapeau à centre déprimé ou ombiliqué, pédicule ordinairement plein . . . OMPHALIE.
      - *C.* Nu ou à collier, feuillets inégaux, se fondant en eau noirâtre, chapeau membraneux . . . . COPRIN.
      - *D.*
        - Pourvu d'un collet ou anneau persistant; débris d'une membrane recouvrant dans le jeune âge les feuillets qui ne se fondent pas en eau noire.
          - Feuillets noircissant dans la vieillesse . . . . PRATELLE.
          - Feuillets ne noircissant pas dans la vieillesse . . . . LÉPIOTE.
        - Pourvu d'un collet filamenteux, fugace, débris d'une membrane incomplète qui recouvre les feuillets dans le jeune âge. Feuillets inégaux, qui dans leur vieillesse ne se fondent pas en eau noire.
          - Feuillets noircissant dans la vieillesse . . . . . PRATELLE.
          - Feuillets ne noicissant pas dans la vieillesse . . . . CORTINAIRE.
- Volva qui enveloppe le champignon en entier dans sa jeunesse, et laisse quelquefois des lambeaux sur le chapeau. Tous viennent à terre . . . . AMANITE.

bolet. En tout temps, dans les forêts, sur les bois de charpente. Bon à faire de l'amadou.

Deuxième Espèce. — **Agaric transparent.**

Pédicule nul ou très-court et latéral, feuillets inégaux, libres, d'abord pâles, puis lilas, ensuite roussâtres; chapeau arrondi ou irrégulier, tellement dépourvu de chair qu'on voit le jour à travers, d'un blanc sale, tirant sur le roux à sa superficie, sur les vieux troncs de saule. *Comestible.*

Troisième Espèce. — **Agaric styptique.**

De couleur cannelle ou fauve clair, pédicule nu, plein, long de 0,015 à 0,02; évasé au sommet pour se continuer avec le chapeau qui est oblong ou réniforme, quelquefois avec les bords roulés en dessous, à peine 0,025 de diamètre; lames étroites, inégales, les plus longues se terminent quelquefois à une ligne circulaire qu'aucune ne dépasse, elles se détachent facilement du chapeau. Dans les bois, en automne, sur les troncs d'arbres coupés transversablement. *Vénéneux.*

Quatrième Espèce. — **Agaric glanduleux.**

Sessile ou rétréci à sa base en un pédicule latéral, court et épais; chapeau de 0,2 à 0,25 de diamètre, brunâtre, lisse en dessus, hémisphérique, à bords sinueux dans la vieillesse; feuillets blancs, larges, inégaux, décurrents, présentant çà et là des houppes velues et glanduleuses. En automne et en hiver; sur les vieux troncs, les souches pourries. Chair épaisse, ferme et blanche; odeur et saveur agréables. *Comestible.*

Cinquième Espèce. — **Agaric marqueté.**

Pédicule long de 0,055 à 0,08, blanc, nu, plein, charnu,

cylindrique, recourbé pour donner au chapeau une forme horizontale ; celui-ci charnu, convexe, large de 0,11, arrondi lorsqu'il est jeune, plus développé d'un côté que de l'autre à la maturité, d'une couleur jaune fauve avec des taches d'un jaune plus clair, feuillets inégaux, blancs ou jaunâtres, adhérents au pédicule et échancrés à leur base. Automne, sur les arbres languissants, spécialement sur les vieux pommiers. Chair coriace ; odeur et saveur agréables. *Alimentaire.*

Sixième Espèce. — **Agaric inconstant.**

Sur les troncs languissants du hêtre, du chêne et du noyer, à la hauteur de six à sept mètres, souvent en touffes ; pédicule nu, arqué, inséré latéralement ; chapeau dimidié, prenant souvent la forme d'une coquille, mince, sinué sur ses bords qui sont roulés en dessous ; couleur cendrée, rousse, bistrée ou brunâtre, feuillets jaunâtres, très-décurrents, étroits et inégaux. *Comestible.*

Septième Espèce. — **Agaric d'orme.**

Pédicule cylindrique, arqué pour tenir le chapeau dans une situation horizontale, nu, d'un blanc sale ou grisâtre, long de 0,1, charnu, plein, épais, ferme, continu avec la chair du chapeau auquel il s'insère un peu latéralement ; chapeau convexe, arrondi, d'un jaune terreux, quelquefois tacheté dans la vieillesse de raies rouges ou noires, large de 0,12 à 0,4 ; feuillets nombreux, larges, inégaux, échancrés à leur base, adhérents au pédicule, d'abord blanchâtres, puis d'un jaune sale ; odeur agréable. En octobre et novembre, sur les troncs d'arbres, et spécialement sur les ormes languissants. *Comestible.*

Huitième Espèce. — **Agaric de l'olivier.**

D'un roux-doré vif, un peu brun en dessus ; feuillets inégaux, très-décurrents, pédicule de 0,015, 0,08 de hauteur, souvent courbé, quelquefois central, plein; chair filandreuse. Sur les racines de l'olivier, du charme, du lilas, du laurier-tin, de l'yeuse. *Vénéneux.*

Deuxième Famille. — *RUSSULE.*

Première Espèce. — **Agaric à dents de peigne** (fig. 11).

Cette plante est si pernicieuse dans ses effets, si variée, si attrayante par ses formes et ses couleurs, que nous la décrirons un peu plus amplement que les autres : pédicule nu, cylindrique, charnu, ordinairement plein, long de 0,025 à 0,07, épais de 0,008 à 0,012, souvent attaqué par les vers; chapeau d'abord convexe, puis plane, enfin déprimé ou concave; bords quelquefois irrégulièrement relevés, marqués de stries produites par l'insertion des feuillets; ceux-ci simples, égaux en longueur, adhérents au pédicule, presque droits, quelquefois très-saillants. La variété *A* est toute blanche; la variété *B* a le chapeau fauve-rougeâtre avec les feuillets blancs; la variété *C* est d'un jaune terreux; la variété *D* a le chapeau rose et les lames blanches. Solitaire, commun; dans les bois, les parcs; en été et automne. *Très-dangereux.*

Deuxième Espèce. — **Agaric fétide, ou poivré.**

La ressemblance assez grande avec l'espèce précédente, la matière gluante qui enduit le chapeau, l'odeur désagréable, la chair aqueuse prouvent combien ce champignon est à redouter, quoique souvent attaqué par les limaçons.

Troisième Espèce. — **Agaric à lames fourchues.**

Chapeau d'un vert terne et inégal, large de 0,08 à 0,1. Plane avec le centre déprimé ou concave, bords recourbés en-dessous, feuillets blancs, rares, épais, à peu près tous de la même longueur, la plupart bifurqués, adhérents au pédicule; celui-ci blanc, nu, cylindrique, épais de 0,025, long de 0,055, creux ou spongieux dans la vieillesse. Chair blanche, cassante, sèche; saveur fade, nauséabonde dans la jeunesse, amère et salée dans la vieillesse. A terre, bois secs et arides; juin, juillet. *Vénéneux.*

Troisième Espèce. — **Agaric sanguin.**

Chapeau d'un rouge de sang, large de 0,095, d'abord convexe, puis plane et finalement concave, avec les bords un peu déjetés, non striés; feuillets blancs, fragiles, égaux, un peu décurrents, quelques-uns fourchus; pédicule épais de 0,015 à 0,02, long de 0,055, mi-blanc, souvent strié de noir ou de rose, d'abord plein, puis creux ou spongieux, cylindrique, un peu courbé et continu avec la chair du chapeau. Dans les bois, en été. *Très-dangereux.*

Troisième Famille. — *LACTAIRE.*

Première Espèce. — **Agaric âcre.**

Chapeau blanc, large de 0,08, d'abord convexe, puis plane, enfin concave, glabre, quelquefois tomenteux sur les bords qui sont onduleux et roulés en-dessous; feuillets très-nombreux, un peu décurrents, passant avec l'âge du blanc au jaune; pédicule cylindrique, charnu, plein; suc laiteux blanc, très-âcre et abondant. A terre, les forêts, été, automne. *Suspect.* On dit que la cuisson détruit en grande partie son âcreté, et le rend *alimentaire.*

Deuxième Espèce. — **Agaric controverse.**

Ce champignon diffère du précédent par son chapeau plus large, plus aplati, visqueux en temps pluvieux, et quelquefois zôné ; les feuillets rose ou roux-clair. Son suc âcre et brûlant le rend suspect ; on le mange néanmoins en quelques provinces frais ou desséché.

TROISIÈME ESPÈCE. — **Lactaire doré.**

Chapeau de 0,08 à 0,11 , d'abord globuleux , puis déprimé , brun orangé , feuillets jaunâtres ; pédicule brun , incarnat, velouté , nu ; suc laiteux doux. En été , sur les friches et les pelouses. Très-agréable au goût. *Alimentaire.*

QUATRIÈME ESPÈCE. — **Agaric à lait jaune.**

La chair et le suc d'abord blancs , deviennent jaunes aussitôt qu'ils sont exposés à l'air. *Vénéneux.*

CINQUIÈME ESPÈCE. — **Agaric caustique.**

Chapeau d'un jaune livide, souvent marqué de zônes noirâtres ; feuillets rougeâtres ; suc d'abord douceâtre , puis âcre et caustique à la maturité. Solitaire , dans les bois. *Vénéneux.*

SIXIÈME ESPÈCE. — **Agaric zônaire ou meurtrier** (fig. 13).

D'un rouge jaunâtre ; pédicule de 0,08, cylindrique ; chapeau d'abord convexe , puis concave , quelquefois marqué de zônes concentriques ; large de 0,08 ; bords velus , frangés , roulés endessous , feuillets inégaux , blanchâtres ou d'un jaune pâle ; chair ferme , laissant échapper un suc laiteux blanc ou jaunâtre, excessivement âcre et caustique. Les bois , les friches, été , automne. *Très-dangereux.*

SEPTIÈME ESPÈCE. — **Agaric douceâtre.**

Chapeau fauve rougeâtre, d'abord conique, puis concave ,

large de 0,08, à superficie sèche et bords onduleux, quelquefois marqué de zônes noirâtres ; feuillets inégaux, presque incarnats, adhérents au pédicule ; celui-ci nu, cylindrique, glabre, d'abord plein, puis creusé, long de 0,055, de la couleur du chapeau ; chair cassante, laissant échapper un suc laiteux et douceâtre. *Alimentaire.*

Quatrième Famille. — *GYMNOPE.*

Première Espèce. — **Agaric piléolaire.**

Chapeau gris foncé ou fauve, arrondi, glabre, large 0,065 ; centre proéminent ; bords réfléchis en-dessous ; feuillets droits, inégaux, d'un blanc pâle, terminés en pointes, un peu décurrents ; pédicule long de 0,01, plein, cylindrique ; chair blanche ; compacte ; odeur et saveur agréables. Automne, à terre, dans les bois, surtout parmi les pins. *Alimentaire.*

Deuxième Espèce. — **Agaric tiercé.**

Feuillets inégaux trois par trois ; un long, un demi-long et un très-court, non attachés au pédicule, ou un peu décurrents, blanchâtres, lavés de rose dans la vieillesse ; chapeau rond ou réniforme large de 0,08, lisse, gris-paille, convexe dans la jeunesse, plane et même concave dans la vieillesse ; bords un peu roulés en dessous ; stipe long de 0,025 à 0,055, plein, quelquefois excentrique, souvent renflé à la base, couvert de peluchures vineuses ; chair assez ferme, blanche, un peu cassante, d'une bonne odeur de champignon ; plantes réunies de dix à vingt sur l'espace de quatre mètres carrés. A terre, dans les prairies, les bois humides, parmi les peupliers, les ormes, les chênes ; fin d'automne. *Alimentaire.* (Cette espèce n'est décrite dans aucun auteur).

Troisième Espèce. — **Agaric du chardon-roland, oreille.**

Chapeau charnu, lisse, roux-pâle, de 0,08 au plus, d'abord

convexe, puis un peu déprimé au centre; bords roulés en dessous; lames blanchâtres, inégales, décurrentes; pédicule nu, court, plein, ferme, blanchâtre, droit, cylindrique, souvent excentrique. Sur les pelouses, les racines mortes du chardon-roland; en octobre. D'un goût très-agréable. *Alimentaire.* C'est un des champignons les plus salubres.

QUATRIÈME ESPÈCE. — **Agaric ficoïde.**

Chapeau rouge de brique, plus vif au centre, assez grand, charnu, glabre, un peu sinueux, d'abord convexe, ensuite aplati, mais souvent mamelonné au centre; feuillets jaunâtres, épais, écartés, inégaux, prolongés sur le stipe qui est blanc, quelquefois rougeâtre à la base, épais, plein, nu, cylindrique, court; saveur de champignon de couche. En groupes de deux à trois individus réunis par le pied; dans les prés, sur les pelouses.

CINQUIÈME ESPÈCE. — **Agaric anisé.**

Chapeau charnu, large de 0,08, d'abord convexe, ensuite plane, et ordinairement mamelonné, d'un gris bleuâtre ou verdâtre; superficie sèche, lisse, pouvant être pelée; feuillets inégaux, blancs, un peu décurrents; pédicule de 0,055, nu, plein, cylindrique, un peu dilaté au sommet; odeur d'anis très-agréable; goût très-fin. Août, septembre; sur les feuilles, dans les bois. *Alimentaire.*

SIXIÈME ESPÈCE. — **Agaric mousseron** (fig. 17).

D'un blanc sale, pâle, ou jaunâtre, ou gris; chapeau très-charnu, large de 0,04, d'abord sphérique, puis très-convexe, arrondi, un peu ondulé; surface sèche et lisse; bords repliés en dessous; feuillets terminés en pointes aux deux bouts, nombreux, inégaux, un peu décurrents, blanchâtres, ou gris cendré, ou ncarnat pâle, stipe nu, de 0,04 de longueur, large de 0,013, cylindrique, plein, enfoncé en partie dans la terre; chair cassante, blanche, épaisse, ne se pelant pas ; odeur pénétrante et agréable. A la fin du printemps, en été; dans les bois, les friches, les prés secs. *Excellent*, surtout comme assaisonnement.

Septième Espèce. — **Agaric virinal.**

D'un blanc de neige ou légèrement roux, sec dans les lieux découverts, mollasse dans les lieux humides. Chapeau d'abord convexe, puis plane et même déprimé au centre, large de 0,04 ; bords roulés en dessous, quelquefois striés et demi transparents; feuillets nombreux, inégaux, décurrents; pédicule de 0,025, plus épais au sommet qu'à la base ; goût agréable. Par peuplades, printemps, été, les bruyères, les friches. *Alimentaire.*

Huitième Espèce. — **Agaric tigré.**

Blanc, tacheté de peluchures brunes, nombreuses; chapeau large de 0,08, déprimé au centre, arrondi, bords rabattus; feuillets blancs, inégaux, nombreux, décurrents ; pédicule plein, tortueux, de 0,013 ; goût et odeur très-agréables. Été, automne, vieilles souches principalement d'ormes. *Comestible.*

Neuvième Espèce. — **Agaric en entonnoir.**

Chapeau creusé en coupe ou en entonnoir, large de 0,08, mince, humide, bords sinués, de couleur pâle ou grisâtre ; lames blanches, étroites, inégales, minces, terminées en pointes; quelques-unes seulement atteignent le pédicule qui est long de 0,055, nu, blanchâtre, plein, fibreux, évasé en haut, renflé en bas; odeur forte et agréable. Fin d'été, automne ; solitaire, sur les amas de feuilles mortes. *Alimentaire.*

CINQUIÈME FAMILLE. — *OMPHALIE.*

PREMIÈRE ESPÈCE. — **Agaric en fuseau.**

Plante toute de couleur fauve ou marron à son entière croissance; mais feuillets blanchâtres dans la jeunesse. Pédicule glabre, un peu sillonné, d'abord plein, puis fistuleux, cylindrique au sommet, renflé par le bas et terminé en pointe comme un fuseau; chapeau d'abord globuleux, puis irrégulièrement convexe, quelquefois fendillé, large de 0,08 ; feuillets écartés, inégaux, larges, à peine décurrents. Été, automne, dans les bois, au pied des arbres, sur les troncs pourris. *Alimentaire;* mais coriace.

DEUXIÈME ESPÈCE. — **Agaric du houx.**

Jaune de buis; chapeau à surface lisse ou gercée, large de 0,01 ; feuillets inégaux, non décurrents ; pédicule un peu comprimé, long de 0,01 et large de 0,05 ; chair du chapeau sèche, fibreuse, tendre, blanche, parfumée, très-délicate. *Comestible.*

TROISIÈME ESPÈCE. — **Agaric couleur de soufre.**

Plante toute de couleur jaune soufre; chapeau large de 0,05. Solitaire, dans les bois, à terre, en automne. Odeur et goût de chènevis pourri. *Vénéneux.*

QUATRIÈME ESPÈCE. — **Agaric brûlant.**

Chapeau large de 0,05, d'abord convexe, puis plane, d'un jaune pâle et terreux, feuillets roussâtres, inégaux, les plus longs terminés régulièrement à 0,002 du pédicule qui est légèrement strié de roux en haut, nu, plein, cylindrique, un peu frangé et velu à sa base, long de 0,14 : saveur âcre et brûlante. Par touffes dans les bois humides, sur les feuilles mortes. *Très-dangereux.*

Cinquième Espèce. — **Agaric à tête blanche.**

Espèce entièrement blanche dans la jeunesse ; jaunâtre ou fauve dans la vieillesse ; saveur extrêmement amère. Printemps, automne ; à terre, dans les bois. *Vénéneux.*

Sixième Espèce. — **Agaric crevassé.**

Chapeau large de 0,08, strié de fauve et de jaunâtre, avec des fentes longitudinales, rayonnantes, d'abord conique, puis plane avec le centre proéminent ; feuillets rougeâtres ou fauves, sinueux, inégaux, libres, nombreux ; pédicule plein, cylindrique, d'un blanc sale ou fauve. Été, automne ; à terre, dans les bois. *Très-dangereux.*

Septième Espèce. — **Agaric palomet.**

Chapeau d'abord convexe et régulier, ensuite un peu concave et irrégulièrement arrondi, d'un blanc sale sur les bords, d'un vert gris, ou d'œillet, ou roussâtre au centre ; bords striés ; superficie sèche, marquée de lignes croisées en sens différents ; feuillets blancs, nombreux, presque égaux en longueur, non décurrents ; pédicule plein, cylindrique ou légèrement renflé à sa base ; chair blanche et cassante. Odeur et goût exquis. Été, automne, solitaire, dans les bois, les friches, à terre. *Délicieux. Ne pas confondre avec* l'agaric à lames fourchues, *champignon vénéneux.*

Huitième Espèce. — **Agaric mousseron d'automne** (fig. 18).

Jaune fauve ou blanc roux ; stipe cylindrique, plein, long de 0,04, grêle, se tordant par la dessication ; chapeau d'abord hémisphérique, puis conique ou plane, peu charnu, large de 0,04 ; feuillets inégaux, nombreux, plus colorés sur la tranche, n'adhérant point au stipe ; chair molle ; aspect général de mousseron simple. Eté, automne, prés secs, bois découverts, souvent en groupes. *Comestible*, surtout comme assaisonnement.

NEUVIÈME ESPÈCE. — **Agaric nu.**

Plante d'abord d'un violet tendre, plus tard lilas fauve, quelquefois rousse ou fauve à tout âge ; chapeau d'abord hémisphérique, puis régulièrement convexe, enfin irrégulièrement concave ou sinué, large de 0,1, dépourvu d'écailles, charnu au centre seulement ; feuillets nombreux, inégaux, étroits, insérés au pédicule, non décurrents ; pédicule de 0,055, glabre, plein, cylindrique, plus épais à la base qu'au sommet. A terre, dans les bois ; été, automne. *Comestible.*

SIXIÈME FAMILLE. — *COPRIN.*

Agaric à encre.

Feuillets se résolvant en une liqueur noire, inégaux, passant du blanc au bistre, distincts du pédicule ; chapeau mince, d'abord globuleux, puis allongé en cloche ; superficie humide, blanche ou jaunâtre, parsemée de taches roussâtres ; pédicule creux, long de 0,08 à 0,16. Automne ; lieux humides, en groupe. Son eau filtrée forme une encre bonne pour le lavis. Nous ne parlerons pas des autres coprins qui couvrent quelquefois les jeunes fumiers, les couches, etc. Ils durent à peine un jour avant de se résoudre en eau, et sont évidemment impropres à l'alimentation.

SEPTIÈME FAMILLE. — *PRATELLE.*

PREMIÈRE ESPÈCE. — **Agaric comestible** (fig. 14 et 15).

Chapeau d'abord sphérique, puis convexe, large de 0,055 à 0,08, blanc ou brun ou jaune pâle, uni ou écailleux, feuillets inégaux, étroits, distincts du pédicule, d'abord blanc rosé, puis d'une belle couleur rose tendre ou vineuse, enfin bruns ou noirs dans la vieillesse ; pédicule pourvu d'une collerette plus ou moins complète, blanc, glabre, plein, charnu, ordinairement cylindrique, haut de 0,055, épais de 0,015. Tout terrain et toute saison ; mais spécialement en automne, dans les bois peu couverts, les friches, les pâturages, les jardins, la place des vieux fumiers, les terres franches et légères. C'est le champignon de couche, l'espèce la plus usitée dans toute l'Europe. *Excellent.* On préfère les champignons des champs aux champignons cultivés.

Bien examiner si les feuillets sont rosés, si le pied n'est pas bulbeux ; afin de ne point confondre avec l'agaric à verrues et l'agaric bulbeux ; deux espèces très-dangereuses.

Deuxième Espèce. — **Agaric amer ou soufré.**

Chapeau de couleur jaune doré, plus foncée au centre, hémisphérique, puis plane ou concave, large de 0,04, peu charnu ; superficie sèche ; feuillets inégaux, non décurrents, d'un gris verdâtre, noircissant dans la vieillesse ; pédicule nu, cylindrique, fistuleux, un peu tortueux, jaune, avec des peluchures noires, débris d'un collier filamentenx et fugace, long de 0,065 ; odeur insignifiante, saveur amère. Fin d'été, automne ; sur le pied des arbres coupés au niveau de terre. *Très-dangereux.*

Huitième Famille. — *LÉPIOTE.*

Première Espèce.— **Agaric atténué.**

Pédicule mince à la base, s'évasant insensiblement jusqu'au sommet, de 0,055 à 0,08 de hauteur, sur 0,005 d'épaisseur à la base, et 0,015 à 0,018 au sommet, central ou excentrique, courbé ou tortu, blanchâtre, plein, charnu, muni au sommet d'un collier rabattu, brun fauve, placé très-près des feuillets ;

chapeau convexe, charnu, sec, d'un blanc sale ou roussâtre; chair blanche; feuillets brun fauve sale, inégaux, adhérents au pédicule, décurrents du grand côté quand le pédicule est excentrique, rentrants de toute part quand il est central. Octobre, sur les vieux troncs de saule. *Alimentaire.*

TROISIÈME ESPÈCE. — **Agaric de sureau.**

Chapeau mamelonné, lisse, d'un blanc roux, large de 0,08; feuillets décurrents, blanchâtres dans la jeunesse, roux en vieillissant. Pédicule grêle, lisse, blanc, cylindrique, courbé à la base. Printemps, automne, en groupe, aux pieds de sureaux. Odeur agréable, goût douceâtre. *Alimentaire.*

QUATRIÈME ESPÈCE. — **Agaric annulaire.**

Pédicule présentant un collier entier, redressé en forme de godet, cylindrique, charnu, épais, long de 0,1; chapeau de couleur fauve ou rousse, large de 0,1, proéminent au centre et quelquefois tacheté de petites écailles brunâtres, feuillets un peu décurrents, inégaux, blancs ou jaunâtres, larges; saveur styptique. Automne, au pied des vieux troncs, par groupes de trente à cinquante individus. *Très-dangereux.*

CINQUIÈME ESPÈCE. — **Agaric élevé** (fig. 21).

Champignon atteignant jusqu'à 0,3 de hauteur; pédicule bulbeux à la base, cylindrique, fistuleux, marqué de taches blanches et grises, muni d'un collet large, mobile et persistant; chapeau d'abord ovoïde, puis étalé, ordinairement proéminent au centre, ayant jusqu'à 0,3 de diamètre, recouvert d'écailles imbriquées, formé par l'épiderme qui se soulève, de couleur bistrée sur un fond blanchâtre; feuillets blancs, inégaux, larges, peu nombreux, n'allant pas jusqu'au pédicule qui est reçu dans une dépression du chapeau. Odeur et saveur très-agréables. Fin d'été, automne ; champs sablonneux, bris découverts. *Alimentaire.*

Sixième Espèce. — **Agaric en bouclier.**

Pédicule blanc, non bulbeux ; surface du chapeau blanchâtre, parsemée de mouchetures roussâtres, plus multipliées au centre ; lames blanches, inégales, chair molle ; odeur désagréable. Eté ; automne, solitaire dans les bois humides et ombragés. *Suspect.*

Neuvième Famille. — *CORTINAIRE.*

Première Espèce. — **Agaric à petit réseau.**

Feuillets couverts dans leur jeunesse d'un voile aranéeux, blanc, qui reste quelque temps adhérent au bord du chapeau sous forme de franges blanches et poilues, passant du blanc au roussâtre, au roux lilacé, au roux vineux. Pédicule blanc, creux, cylindrique, long de 0,025, munie à la base d'une houpe de poils mous, blancs, chapeau d'abord ovoïde, puis convexe, d'un jaune pâle sale, ou d'un jaune gris. Sur les vieux saules, ou sur la terre qui est à leur pied. *Alimentaire.*

Deuxième Espèce. — **Agaric châtain.**

Chapeau large de 0,055, couleur de châtaigne, quelquefois blanchâtre sur les bords, peu charnu, lisse, convexe dans la jeunesse, concave en vieillissant ; feuillets couleur du chapeau, libres, nombreux, inégaux : pédicule de 0,055, mince, cylindrique, plein, portant les traces d'un collier aranéeux peu visible ; saveur agréable. Eté, automne, au pied des arbres, par touffes. *Alimentaire.*

Dixième Famille. — *AMANITE.*

PREMIÈRE SECTION. — PÉDICULE MUNI D'UN COLLIER.

Première Espèce. — **Agaric à verrues.**

Chapeau recouvert de nombreuses petites verrues, plus multipliées au centre, la plupart terminées en pointes, large de 0,08, d'abord convexe, puis déprimé au centre, d'un blanc jaunâtre mêlé de rose, de couleur rose sur les cicatrices; feuillets blancs, inégaux, nombreux; chair blanche, rose à la superficie; pédicule long de 0,1, élargie à la partie supérieure, bulbeux à la base où se trouvent quelques écailles formées par les débris du volva, cylindrique dans le reste de sa hauteur, peu épais, d'un blanc sale, un peu rosé, ordinairement plein, muni d'un anneau blanchâtre, mince et rabattu; odeur nulle, saveur styptique. Eté, automne; à terre, dans les bois ombragés. *Très-pernicieux.* Les verrues du chapeau, le pied bulbeux, la nullité de l'odeur le font distinguer d'avec l'*agaric comestible.*

Deuxième Espèce. — **Agaric solitaire.**

Chapeau arrondi, puis plane, quelquefois déprimé au centre; d'un blanc sale, tirant quelquefois sur le bistre pâle, large de 0,16 à 0,21, parsemé de verrues proéminentes, débris du volva; feuillets épais, larges, inégaux, blancs en entier, non contigus au stipe qui porte cependant leur empreinte; stipe droit, long de 0,16 à 0,21, plein, charnu, d'un blanc vif, à base tuberculeuse, rabotteuse et garnie d'écailles formées par les vestiges de la bourse, pourvu d'un collet membraneux, large, rabattu, et comme plissé; chair blanche, ferme, d'un goût délicieux. Eté; solitaire, dans les bois, sur les pelouses. *Comestible.*

Troisième Esèpce. — **Agaric fausse orange** (fig. 22).

Chapeau de couleur rouge écarlate, plus prononcée au centre, large de 0,11 à 0,16, presque plane à la maturité, à peu près toujours moucheté de verrues blanchâtres, formées par les débris du volva, adhérentes au chapeau qui est un peu visqueux ; bords faiblement striés ; feuillets blancs, larges, droits, inégaux, non adhérents ; ceux qui ne vont pas jusqu'au stipe sont coupés brusquement à leur terminaison ; stipe blanc ou blanc jaunâtre, long de 0,1 à 0,155, plein, cylindrique, bulbeux à sa base, écailleux jusqu'au collet qui est large, blanc, ordinairement rabattu ; odeur désagréable, saveur un peu astringente. *Poison subtil.*

Quatrième Espèce. — **Agaric oronge vraie** (fig. 24).

Plante d'abord renfermée toute entière dans un volva de couleur blanche, ce qui lui donne l'apparenee d'un œuf ; ensuite ce volva se déchire pour livrer passage au chapeau, et reste complet à la partie inférieure du pédicule ; chapeau presque plane, large de 0,1 à 0,155 ; bords striés, souvent sinués, roulés en dessous ; superficie d'une belle couleur orangée, ni visqueuse, ni tachetée de verrues ; feuillets larges, épais, inégaux, sinués, jaunâtres, très-adhérents à la chair, mais non au pédicule ; celui-ci est jaune en dehors, blanc ou jaunâtre en dedans, lisse, long de 0,08 à 0,11, plein, bulbeux, pourvu d'un anneau jaune, large et renversé ; odeur et saveur des plus agréables. Fin d'été, automne, les vergers, les bois, surtout ceux de chênes, de marronniers et de pins. *Le plus délicieux des champignons.* Ne pas pas confondre avec le précédent dont les feuillets sont toujours blancs et dont le stipe est écailleux jusqu'au sommet.

Cinquième Espèce. — **Agaric oronge blanche**.

Comme l'oronge franche ; mais blanche dans toutes ses parties ; chapeau non strié ; feuillets étroits, pédicule non bulbeux ou peu renflé à sa base. Été, automne, dans les forêts de chênes. *Champignon délicieux*. Ne pas confondre avec le suivant.

SIXIÈME ESPÈCE. — **Agaric bulbeux** (fig. 20).

Pédicule renflé à sa base en bulbe courte, entourée d'un volva qui laisse souvent des squammes ou débris sur le chapeau, long de 0,1, blanc, cylindrique, muni d'un anneau large, ordinairement rabattu, tantôt blanc, tantôt jaune; chapeau large de 0,05 à 0,08, convexe, charnu, non strié sur les bords, tantôt blanc, tantôt citron pâle, tantôt vert olive ou grisâtre. Automne, dans les bois humides et ombragés. *Poison mortel*.

NEUVIÈME GENRE.

MORILLE.

PREMIÈRE ESPÈCE. — **Morille comestible** (fig. 4).

Pédicule cylindrique, ordinairement creux, lisse, long de 0,05, blanc, ou cendré, ou bistre, ou noirâtre; chapeau gris jaunâtre, de forme ovoïde, creusé en dessus de cellules polygones irrégulières, perforé au sommet ; odeur faible, agréable. Avril, mai ; les bois, les vignes, les prés, près des fumiers. *Aliment délicat*.

DEUXIÈME ESPÈCE. — **Morille conique**.

Variété de la précédente, plus allongée et de couleur plus foncée, quelquefois même bleuâtre. Il existe encore une autre variété de couleur jaune pâle, ou fauve, ou blanchâtre.

DIXIÈME GENRE.

SATYRE.

Ce champignon, entouré d'un large volva, au long pédicule, au chapeau conique, perforé dans le sommet, se fait assez connaître par la substance glaireuse et fétide qui remplit les cellules du chapeau de forme morille. Eté, automne ; à terre, dans les bois. *Malfaisant.*

ONZIÈME GENRE.

VESSE DE LOUP.

Cette plante, de forme globuleuse, renferme, dans la jeunesse, une chair ferme et blanchâtre qui se change plus tard en poussière de couleur fauve ou verdâtre. A la maturité, l'enveloppe s'ouvre ordinairement au sommet pour donner passage à la poussière séminale. Les vesses de loup n'ont qu'une racine très-petite ; elles viennent en automne et dès la fin de l'été, à terre dans les friches, les pâturages, sur les bords des chemins, et sont généralement blanches. On peut les manger dans leur jeunesse, mais elles nuiraient dans leur maturité.

DOUZIÈME GENRE.

TRUFFE.

PREMIÈRE ESPÈCE. — **Truffes des cerfs.**

(Il n'est traité ici que des truffes du Nord)

Champignon ovoïde, de la grosseur d'une noix, sans racine, dur, grenu, roux brunâtre ; chair passant du blanc au rougeâtre, puis au brun, et se réduisant au centre en poussière noire. Automne. *Comestible dans sa jeunesse.*

Deuxième Espèce. — **Truffe ombiliquée.**

Plante ne présentant qu'une base radicale comme un ognon, arrondie, chagrinée, blanche, puis brune ; chair d'abord blanche, ensuite brune ou noirâtre, veinée de blanc, compacte ; odeur nauséabonde quand la plante est fraîche, agréable quand celle-ci est sèche. Terres franches, légères, sabloneuses ; près des chênes, etc. *Comestible.*

Troisième Espèce. — **Truffe d'aubépine.**

Tubercule de la couleur des truffes les plus recherchées ; de la grosseur d'une fève, ou un peu plus forte, réniforme, recouverte d'une écorce mince, coriace, et de verrues ; chair molle, spongieuse, d'une odeur peu agréable, d'une saveur un peu fade et nauséeuse. Automne, dans les bois, surtout sous les racines de l'aubépine. *Comestible.*

Toutes les plantes décrites dans cet opuscule furent trouvées, à une ou plusieurs espèces, dans les promenades de S.t-Quentin, sur les berges du canal et de la route de cette ville depuis Lesdins jusqu'à Cambrai ; dans les prairies et sur les côteaux de Gouy, du Catelet, de Vendhuile ; dans les bois de la Terrière et de Mortho, sur les bords des chemins qui avoisinent la pieuse paroisse d'Aubencheul-aux-bois, l'historique et pittoresque hameau de Montécouvez, les communes de Bantouzelle, Crèvecœur et Lesdain ; dans les bois des Guilmins, d'Esnes, de Brisseux, de S.t-Aubert ; à la Bultoire ou Victoire (commune d'Esnes) ; sur les côteaux, dits *Waréchets*, de Longsart, naguère encore couverts de gazon ; dans les bosquets et sur les berges qui longent le ravin d'Esnes à Haucourt ; dans les vergers de M. Larivière, à Fontaine-au-pire, pour le bolet comestible ; sur les chemins qui avoisinent cette commune, notamment celui qui mène à Caudry ; aux environs du Câteau, de Landrecies , de Bévillers, Boussières, Carnières, De Vieux-Mesnil ; dans la forêt de Mormal, les bois de S.t-Amand ; sur les remparts de Cambrai et les rives voisines de l'Escaut ; au petit bois et au bois de Bourlon non loin de là ; aux environs de Mons, Tournai, Lille et Armentières ; sur les versants des monts de Keml, des Cattes, des Récollets, du Renard, de Cassel, versants les uns en pelouses, les autres en bruyères, ceux-ci nus, ceux-là boisés, mais tous plus ou moins formés d'argile et de sable ferrugineux ; aux environs de Bergues, d'Abbeville, de Péronne, de Laon, de Soissons, etc.

FIN.

Lille Imp. de Lefebvre-Ducrocq.

TABLE ALPHABÉTIQUE DES GENRES, FAMILLES & ESPÈCES.

PETIT DICTIONNAIRE

DES TERMES QUI POURRAIENT EMBARRASSER DANS CET OPUSCULE.

A

Acide. Qui a une saveur aigre.
Acre. Brûlant au goût.
Adhérent. Attaché.
Adipocire. Substance qui tient de la graisse animale et de la cire.
Albumine. Substance de la nature du blanc d'œuf.
Alcali. Substance qui a les propriétés de la soude.
Alcool. Esprit de vin.
Anastomosé. Se dit de lames, de veines embouchées les unes dans les autres.
Aqueux. Qui contient de l'eau en assez grande quantité.
Arachnoïde. Qui ressemble à une toile d'araignée.
Aranéeux. Idem.
Argileux. De la nature des terres propres à fabriquer la poterie, les briques, les tuiles.
Arôme. Parfum.
Astringent. Qui resserre, qui pique au goût, par exemple, le poivre.
Azôté. Qui contient un gaz nommé Azot, comme les fleurs très-odoriférantes, les chairs, etc.

B

Bain-marie Eau bouillante où l'on met un vase.
Beignet. Pâte frite à la poêle.
Bifurqué. Partagé en deux par un bout, comme une fourche.
Bistre. Couleur de suie.
Bocal. Vase de verre à ouverture très-large.
Bourse. Membrane qui enveloppe certains champignons dans leur jeunesse.
Bulbeux. Qui a la racine de la forme d'un ognon.

C

Cannelé. Marqué de lignes saillantes longitudinales, comme le céleri.
Central. Qui est au centre.
Chapeau. Tête du champignon.
Chapelure. Croûte de pain sans mie.
Chapiteau. *Voyez* Chapeau.
Chimique. Qui concerne les différentes parties dont un corps est composé.
Cicatrice. Place d'une plaie.
Compacte. Serré.
Concave. Creux, comme l'intérieur d'une cuiller, de la main.
Cône. Figure de la forme d'un pain de sucre.
Convexe. Relevé comme une taupinière.
Coriace. De la consistance du cuir.
Cortine. Frange qui borde le chapeau de certains champignons.
Corpuscules. Objets petits comme des grains de poussière.
Crépu. Dont le bord est très-ondulé et chargé de petites rides très-rapprochées.
Crevassé. Qui a de petites fentes ou crevasses.
Culinaire. Qui concerne la cuisine.
Cylindrique. De la forme d'un rouleau.

D

Décurrent. Qui descend attaché sur le pied.
Déprimé. Affaissé, abaissé.
Dimidié. Partagé en deux

E

Ebullition. Action de bouillir.
Elastique. Qui s'allonge ou se rape-

tisse pour reprendre ensuite sa forme primitive, comme la moëlle du sureau.

Epiderme. Première peau en dehors.

Excentrique. Placé hors du centre.

F

Fauve. Qui tire sur le roux.

Ferrugineux. De la nature, ou simplement de la couleur du fer rouillé.

Fétide. Puant.

Fibreux. Qui a des filandres, comme le bois, la viande.

Fistuleux. Creux comme un fétu.

Fomentation. Linge trempé dans un liquide chaud et appliqué sur une des parties du corps.

Fructifère. Qui porte le fruit ou la semence.

Fungiculteur. Qui cultive les champignons.

G

Gélatineux. Ferme et souple comme la gelée des fruits, de la viande.

Gibelotte. Fricassé de lapin, etc.

Glabre. Dépourvu d'aspérités, comme le verre poli.

Glanduleux. Qui a de petites glandes.

Globuleux. En forme de boule.

Godet. Petit vase sans pied, ni anse.

Granuleux. En forme de grains ou renfermant des grains.

Grêle. Mince.

H

Hémisphérique. En forme de demi boule.

Hérissé. Couverts de poils raides, de pointes.

I

Imbriqué. Se dit d'objets placés les uns sur les autres, comme les tuiles.

Incision. Action de couper.

Infusion. Action de plonger un objet dans un liquide ordinairement chaud.

L

Lactaire Qui contient une espèce de lait.

Lacuneux. Qui a des espaces vides.

Laiteux. De la consistance du lait.

Latéral. Qui est placé sur le côté d'un objet.

Léthargie. Sommeil profond comme la mort.

Lobe. Chacune des deux parties qui composent la semence et les fruits de certaines plantes.

Longitudinalement. En longueur.

M

Macérer. Faire infuser à froid une substance qui doit déposer ses principes solubles.

Mâche. Salade de blé ; doucette.

Mamelonné. Couvert de tumeurs arrondies, ou, relevé au centre en forme de mamelon.

Matelotte. Mets composé de plusieurs sortes de poisson.

Mîtriforme. En forme de mître.

Mycophile. Amateur de champignons

N

Nausée. Envie de vomir.

Nauséabonde. Qui excite la nausée.

O

Osmazôme. Substance animale qui fait la base du bouillon.

Ondulé. Qui a des sinuosités, des ondulations, des plis.

Orbiculaire. En forme de cercle.

Orifice. Ouverture, entrée de certains objets, d'un vase.

Ovoïde. De la forme d'un œuf.

P

Parasite. Qui vient sur une autre plante.

Pédicule. Pied.

Peluche. Poils qui couvrent une étoffe, une plante.

Perforé. Troué.

Péridium. Enveloppe.

Pores. Ouvertures extrêmement petites.

Proéminent. Qui est plus en relief que ce qui l'environne.

Pulpeux. De la nature de la pulpe, comme la betterave.

Pulvérulent. Couvert de poussière.
Pustule. Petite tumeur qui s'élève sur la peau.

R

Rameau. Petite branche.
Ramifié. Divisé en rameaux.
Rayonnant. Disposé en lignes qui partent d'un centre commun.
Réniforme. Qui a la forme d'un rein, d'un rognon.
Réticulé. Marqué de nervures croisées en réseau.

S

Salmis. Ragoût.
Sapide. Qui a de la saveur.
Saveur. Qualité qui se fait sentir au goût.
Sessile. Qui n'a pas de pied.
S'évaser. S'ouvrir en forme de vase.
Sillonné. Marqué de stries ou lignes profondes.
Sinueux. Qui fait plusieurs tours et détours.
Sphérique. En forme de boule.
Spirale. Figure de la forme d'un tire-bouchon.
Spongieux. Creux et souple comme une éponge.
Sporules. Semences fines comme de la poussière.
Squamme. Ecaille; par exemple, de la peau, de la tête.
Stipe. Pied.
Stries. Petites lignes ou filets séparés par des raies ou lignes renfoncées.
Styptique. Qui resserre, qui pique fortement au goût : le poivre, par exemple.

T

Terrestre. Qui tient à la terre.
Tithymale. Réveil-matin (plante).
Tomenteux. Cotonneux.
Transversalement. En travers.
Tronqué. Pareil à un pain de sucre dont on a enlevé le sommet.
Tube. Petit cylindre creux.
Tubercule. Corps de la forme d'une pomme de terre depuis sa naissance jusqu'à sa maturité.
Tubéreux. Qui a du rapport avec la forme d'une truffe.

V

Verrue. Poireau, petite tumeur chagrinée.
Vertical. Qui s'élève droit comme un clocher, une tour.
Visqueux. Gluant, collant comme la glu, la gomme.
Volva. *Voyez* Bourse.

Z

Zône. Bande ; sur un champignon, chaque bande a généralement une couleur différente.

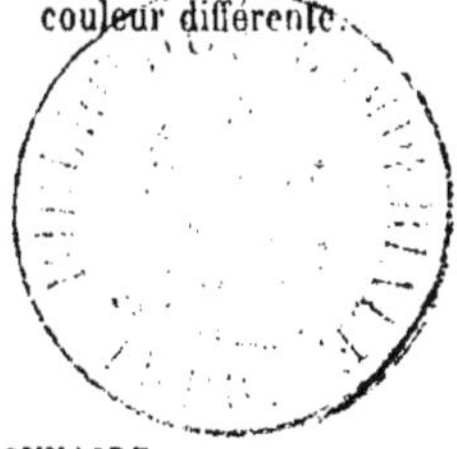

FIN DU DICTIONNAIRE.

TABLE DES MATIÈRES.

NUNC, NATURA, VALE! TERRÆ TERRENA RELINQUENS,

SOLA DEO SPECIE SACRA SACRATUS AGO.

www.ingramcontent.com/pod-product-compliance
Ingram Content Group UK Ltd.
Pitfield, Milton Keynes, MK11 3LW, UK
UKHW020354180726
13839UKWH00003B/1103